# FANG NIE AN AUFZUHÖREN

*Boris Thomas* wurde im Jahr des Drachen geboren, das als besonders geistreich gilt. Seit über 25 Jahren führt er das Unternehmen Lattoflex aus Bremervörde. Der Tischler, Wirtschaftsingenieur und Vortragsredner nimmt nicht nur seinen Kunden die Rückenschmerzen, sondern auch Managern die Bauchschmerzen.

**BORIS THOMAS**

# FANG NIE AN AUFZUHÖREN

Das Mindset für
Manager und Macher

Campus Verlag
Frankfurt/New York

MIX
Papier aus verantwor-
tungsvollen Quellen
FSC® C089473

ISBN 978-3-593-51041-5 Print
ISBN 978-3-593-44141-2 E-Book (PDF)
ISBN 978-3-593-44150-4 E-Book (EPUB)

Umschlaggestaltung: total italic, Thierry Wijnberg, Amsterdam/Berlin
Umschlagmotiv: © Shutterstock/marukopum
Bilder Innenteil: S. 13, 37, 51, 65, 75, 97, 133, 155, 173, 193, 237, 253 Shutter-
stock/umiko, S. 29, 139 © Shutterstock/Elina Li, S. 30, 43, 79, 86, 113,
126, 170, 182, 204, 239, 248 © Shutterstock/Olga_C, S. 111 © Shutter-
stock/Rita Ko, S. 145 © Shutterstock/Myasnikova Natali, S. 163 © Shut-
terstock/Polina Valentina, S. 203 © Shutterstock/Ira Cvetnaya
Satz: Oliver Schmitt, Mainz
Gesetzt aus der Minion, der DIN Next und der Gang of Three
Druck und Bindung: Beltz Grafische Betriebe GmbH, Bad Langensalza
Printed in Germany

www.campus.de

# INHALT

*Für meine Eltern
Ohne euch, eure Liebe und Unterstützung
wäre ich heute nicht da, wo ich bin.*

*Für meine Kinder
Lea, Julius und Merle – ihr bereichert
mein Leben unendlich.*

# VORWORT

**Das Wort Krise setzt sich im Chinesischen
aus zwei Schriftzeichen zusammen –
das eine bedeutet Gefahr
und das andere Gelegenheit.**

*John F. Kennedy*

Niemand postet auf Facebook, dass seine Firma kurz vor dem Konkurs steht und er als Geschäftsführer nicht mehr weiterweiß. Niemand veröffentlicht ein Selfie auf Instagram, das ihn einsam, verzweifelt und weinend auf dem Sofa zeigt. Niemand schreibt auf Twitter: »3 Uhr nachts. Kann nicht schlafen. Weiß nicht, wie ich am Monatsende meine Mitarbeiter bezahlen soll #kriseistmist #problemewälzen«.

Es scheint fast so, als ob unsere Gesellschaft nichts mehr mit Krisen zu tun haben will. Wir blenden dieses Thema lieber aus. Und wenn die Krise uns dann doch erwischt – sie ist ja in der Regel unausweichlich –, flüchten wir uns in die Illusion, dass es irgendwie möglich sein *muss,* jede Krise, jeden Fehlschlag abzuwenden. Wir müssen es nur richtig machen, und schon erstrahlt unser Leben als ein Strom von Dauerglück! Wir spielen heile Welt. Doch das ist bei genauerem Hinsehen nur Fassade, viele suchen eigentlich nach einem Ausweg. Ich glaube, es ist Zeit für mehr

Ehrlichkeit und eine neue Wahrhaftigkeit jenseits aller schillernden – und oftmals geschönten – Erfolgsgeschichten in den sozialen Netzwerken.

Viele Managementratgeber behaupten ja, es gäbe einen hundertprozentig sicheren Weg zum Erfolg. Und zwar mit der jeweils darin propagierten »praxiserprobten« Methode, dem innovativen Tool, der revolutionären Strategie. Doch jeder Unternehmer, der lange genug im Geschäft ist, weiß, dass das gar nicht sein kann. So simpel ist es eben leider nicht. Das Leben geht seinen eigenen Weg. Alles, was wir tun können, ist, nie aufzuhören, uns anzustrengen und stets dazuzulernen.

Fakt ist: Es wird uns nicht gelingen, krisenfrei durchs Leben zu kommen – das gilt in der Familie und in unseren Beziehungen genauso wie für unsere Unternehmen. Nicht ohne Grund drehen sich die meisten Fragen nach meinen Vorträgen immer wieder um dieses eine Thema: »Wie gehe ich mit einer Krise um? Wie kommen wir als Team, als Unternehmen heil da durch?« Und dabei spüre ich große Angst und Unsicherheit bei den Menschen.

Eines der grundlegenden Probleme, die ich über die Jahre beim Umgang mit Krisen identifiziert habe, ist, dass wir oftmals nur unser Unglück sehen und jammern – und die darin verborgenen Chancen gar nicht erkennen. Und diese Panik vor der nächsten Krise treibt immer merkwürdigere Blüten. Doch wie sollen wir jemals unser wahres Potenzial erkennen, wenn uns nicht das Leben von Zeit zu Zeit etwas schubst – oder auch mal gepflegt in den Hintern tritt? Würden wir je unsere selbst gesetzten Grenzen überschreiten, wenn wir es nicht tun müssten, zum Beispiel aufgrund einer Notsituation? Die Komfortzone heißt ja nicht umsonst so. Darin zu verweilen ist kuschelig und bequem, keine Frage – aber dort ist eben auch nicht mehr zu erwarten als der alte Trott. Dort gibt es keine Entwicklung.

*Fang nie an aufzuhören* ist meine Einladung an Sie, mit frischem Blick und aus einer anderen Perspektive auf die Niederlagen und Rückschläge im Geschäftsleben zu schauen. Wenn wir wirklich ehrlich sind, erkennen wir im Nachhinein oftmals, wie wertvoll selbst schmerzhafte Erfahrungen sind.

Ich muss ehrlich sagen: Im Laufe der Zeit ist die Auseinandersetzung mit Krisen und den damit verbundenen Veränderungsprozessen zu einem meiner Lieblingsthemen geworden. Ich finde es ungemein aufregend zu beobachten, wie wir immer wieder falsch auf eine Krise reagieren, aber dann doch auch immer wieder dazulernen und uns weiterentwickeln, wenn wir offen und bereit dafür sind.

Ich führe unser Familienunternehmen Lattoflex nun schon seit mehr als zwei Jahrzehnten und habe dessen Entwicklung – mit allen Höhen und Tiefen – hautnah und von Kindesbeinen an miterlebt. Als Führungskraft unterstütze ich tagtäglich mein Team nach Kräften, damit wir gemeinsam sicher durch eine Krise nach der anderen kommen können.

*Fang nie an aufzuhören* ist allerdings kein überschwängliches Motivationsbuch. Es verspricht Ihnen nicht vollmundig: »Wenn Sie exakt diese Schritte unternehmen, wird Ihr Leben stets von Glück erfüllt sein.« Es ist vielmehr ein Buch über die Realität. So wie das Leben ist. Und ich möchte gerne hinzufügen: So wie das Leben *zum Glück* ist. Alles, was ich Ihnen in diesem Buch erzähle, habe ich persönlich in über fünfundzwanzig Jahren Führungsarbeit lernen dürfen. Und zugegeben: Manchmal war der Weg zur Erkenntnis absolut kein Zuckerschlecken.

Von den guten und den schlechten Tagen bei Lattoflex will ich Ihnen in *Fang nie an aufzuhören* erzählen, um Sie an unseren Erfahrungen teilhaben zu lassen. Vielleicht kann die eine oder andere Anekdote als Anregung oder Hilfestellung für Ihr konkretes Anliegen dienen. Das würde mich sehr freuen! Darüber hinaus habe ich mit anderen Unternehmern und Beratern, aber auch mit meinen eigenen Führungskräften und Mitarbeitern lange und tiefgehende Gespräche geführt, um auch deren Erfahrung und Wissen in puncto Krisen und Krisenmanagement einzufangen.

Mein Wunsch ist, dass wir unseren Blickwinkel in Krisenzeiten verändern und etwas mehr Mut in uns finden, die Wirklichkeit in unser Leben zu lassen. Ich möchte Sie dazu inspirieren, die nächste Krise – die garantiert kommen wird – mit größerer Sicherheit und Entschlossenheit anzugehen. Möge es uns allen gelingen, die Chance in der Krise zu nutzen und sie als Hilfsmittel zu sehen, unser wahres Potenzial zu entfalten!

Ihr
*Boris Thomas*

# EINSTIMMUNG

**Krise ist ein produktiver Zustand.**
**Man muss ihm nur den Beigeschmack**
**der Katastrophe nehmen.**

*Max Frisch*

Viele Märkte werden in der heutigen Zeit von schnellen und kaum zu kontrollierenden Veränderungen regelrecht durchgeschüttelt. Sicher geglaubte Geschäftsmodelle zerfallen und Pläne müssen permanent der geänderten Wirklichkeit angepasst werden. Der Begriff »Disruption« ist in aller Munde und beschwört eine düstere Zukunft herauf, in der bestehende, traditionelle Geschäftsmodelle untergehen, weil sie von ihren viel flinkeren Konkurrenten zerstört werden. Große Umbrüche zeichnen sich bereits am Horizont ab. Digitalisierung und Globalisierung erhöhen den Druck enorm und es ist kein Ende abzusehen. Aber nicht nur Märkte verändern sich, auch Produktzyklen werden immer kürzer und die Floprate bei Produktneueinführungen steigt. Weltweit nimmt die Unsicherheit zu; die Zukunft ist unberechenbarer als jemals zuvor.

Das ist aber längst nichts Neues mehr. Wer aufmerksam die Nachrichten verfolgt, hört immer wieder von Skandalen und Krisen, die einzelne Unternehmen und manchmal sogar ganze Branchen in ihren Grundfesten erschüttern. Gleichzeitig machen findige Start-ups Furore, die in Windeseile den alteingesessenen Big Playern den Rang ablaufen und deren Geschäftsmodell quasi im Schnelldurchlauf ruinieren: Sie heißen Tesla, Uber oder Airbnb, um nur einige zu nennen.

Das zeigt meiner Meinung nach glasklar: Kein Unternehmen und keine Branche ist vor radikalem Wandel, Umbrüchen und Krisen gefeit. Mehr denn je sind daher Führungskräfte überall auf dem Globus aufgefordert, sich aktiv mit Veränderungsprozessen und dem Krisenmanagement auseinanderzusetzen. Doch noch tun es zu wenige – denn sie wissen einfach nicht, wie.

## Illusion einer fehlerlosen Welt

In den 1980er Jahren war *Auf der Suche nach Spitzenleistungen* von Thomas J. Peters und Robert H. Waterman ein Millionenerfolg, versprach es doch exakte Muster aufzuzeigen, mit denen Unternehmen garantiert erfolgreich werden. Kein Wunder, dass sich das Buch verkaufte wie warme Semmeln. Doch wenn man die einstigen »Musterunternehmen« betrachtet, stellt man schnell fest: Einige existieren inzwischen gar nicht mehr. Keine Frage, von den Erfolgsstrategien anderer Unternehmen kann man viel lernen und profitieren. Aber früher oder später erwischt es alle! Selbst Giganten, die derzeit noch unangreifbar und mächtig erscheinen, werden Krisen erleben und durchleben müssen. Das ist der Lauf der Dinge.

Es ist ein Teil der Evolution,
dass es erst schlimmer werden muss,
bevor es besser wird.
Menschen wachsen nicht ohne Krise
und Herausforderungen.

*Eckhart Tolle*

Viele Leute glauben, dass eine Welt ohne Niedergang das Paradies sein müsste. Keine Firma geht mehr in Konkurs, alle Märkte entwickeln sich planmäßig, alle Produkte sind immer fehlerfrei, es gibt keine Reklamationen und die Wettbewerber respektieren die Grenzen des anderen. Diese Einstellung begegnet mir auch in Beratungsgesprächen oder bei meinen Vorträgen immer wieder: »Wenn ich sicher wüsste, dass es nicht schiefgeht, würde ich es sofort angehen!«

Aber was wäre denn, wenn es uns gelänge, alle Fehlschläge und Niederlagen zu eliminieren? Wenn wir nie wieder Angst haben müssten, es könnte etwas schiefgehen und wir könnten scheitern? Ich habe oft und lange über diese Fragen, diese Szenarien nachgedacht. Für mich wäre eine Welt ohne Scheitern eine Welt ohne Wachstum. Es wäre eine Welt ohne Lernen. Eine Welt, die ziemlich sicher ersticken würde in Stagnation und Langeweile. Der amerikanische NLP-Trainer und Bestsellerautor Tony Robbins drückte es in einem seiner Workshops einmal so aus: »Das Lernen endet niemals.« Das bedeutet, dass wir immer wieder neue Herausforderungen erleben werden – und daran wachsen können.

## »Mach weiter so«

Mein letzter Moment mit meinem Großvater wird mir immer in Erinnerung bleiben. Karl Thomas hat sich Zeit seines Lebens von nichts und niemandem unterkriegen lassen. Seine Möbelwerkstatt gründete er in den Wirren der Nazizeit und des Zweiten Weltkriegs, er kehrte aus der Kriegsgefangenschaft zurück, baute seine Firma aus den Trümmern wieder auf und erfand sein Unternehmen mehrfach neu. Als ich ihm zum letzten Mal begegnete, war er schon weit über neunzig Jahre alt und erholte sich nach einem schweren Sturz nur mühsam. Seine Kräfte schwanden täglich. Ich, damals vierzig Jahre alt, besuchte ihn im Pflegeheim. Er lag im Bett. Als ich merkte, dass er etwas sagen wollte, beugte ich mich zu ihm hinunter. Er flüsterte mehr, als dass er sprach: »Boris, mach weiter so!« Wenige Tage später verstarb mein Großvater. Ich bekomme heute noch Gänsehaut, wenn ich daran zurückdenke.

Wie sollte ich denn weitermachen? Wie sollte ich das bloß anstellen? Mein Vater und mein Großvater waren Meister im Durchstehen großer Krisen, das hatten sie beide mehrfach unter Beweis gestellt. Beide zeichnet in meinen Augen besonders aus, dass sie ihren Kurs auch in rauer See nie verließen und der Mannschaft Mut und Zuversicht gaben. Selbstzweifel beschlichen mich. War das nicht eine Nummer zu groß für mich? Doch als ich in Ruhe darüber nachdachte, wurde mir klar, wie unendlich wertvoll diese bereits durchgestandenen Krisen für die Zukunft sind. All die Niederlagen hatten am Ende unsere Firmenkultur stärker gemacht als all unsere Erfolge zusammen.

»Mach weiter so!« – Dieser Appell meines Großvaters ist zu meinem Mantra geworden. Für mich bedeuten seine Worte: niemals aufgeben und für einen als richtig erkannten Kurs kämpfen, auch wenn der gewählte Weg holprig und unbequem ist.

## Dimension und Tragweite

Niederlagen und Misserfolge, aber auch persönliche Schicksalsschläge oder Krankheiten – egal ob sie uns selbst oder unsere Mitarbeiter betreffen – können kleine und große Krisen hervorrufen, mit denen wir uns als Führungskräfte auseinandersetzen müssen. Auch unternehmensintern haben Krisen verschiedene Dimensionen, sie reichen von eher unbedeutenden bis hin zu folgenschweren Fehlern, es gibt persönliche Verfehlungen Einzelner sowie ausgewachsene Skandale, die ganze Konzerne gefährden. Manche Krisen haben sogar globale Effekte, wie etwa Marktverschiebungen, Finanz- oder Wirtschaftskrisen, der Klimawandel oder die Digitalisierung. Diese können wir allein nicht abwenden, da es sich dabei um tiefgreifende Umbrüche handelt, die wir kaum oder gar nicht beeinflussen können.

Nichtsdestotrotz hat jede Krise, je nach Dimension und Tragweite, einen gewissen Einfluss auf uns und stellt uns vor bestimmte Herausforderungen.

Wir müssen mit individuellen Problemen und negativen Emotionen besser umgehen lernen und langfristig wieder das Licht am Ende des Tunnels sehen. Mit anderen Worten: Wir brauchen mehr Optimismus und Resilienz.

Wir müssen Strategien entwickeln, wie wir schnell aus Fehlern und Rückschlägen lernen und einen etwaigen verlorenen Vorsprung wieder aufholen – idealerweise gemeinsam mit unseren Mitstreitern, die uns unterstützen und motivieren. Als Führungskräfte müssen wir erkennen, wo wir vielleicht aus einer Mücke einen Elefanten machen und wo wir umgehend einschreiten müssen, um größeren Schaden von unserer Firma und der Allgemeinheit abzuwenden. Vor allem Unternehmenslenker tragen hierbei in meinen Augen eine besondere Verantwortung.

Wir müssen die Zeichen der Zeit für uns »richtig« deuten und interpretieren – und bei Bedarf schnell ins Handeln kommen. Wir müssen zu einer klaren Entscheidung gelangen, inwiefern eine Krise unser Geschäftsmodell tangiert und wie wir auf deren Ausläufer reagieren müssen, um unser Unternehmen langfristig zukunftsfähig zu halten.

## Theorie und Praxis

Das alles ist leichter gesagt als getan, denn im Leben ist nichts einfach nur Schwarz und Weiß. Kein Erfolgsweg geht von A nach B und dann direkt nach C – exakt nach Plan, ganz genau so, wie wir es wollten. Pläne scheitern.

Strategien stellen sich als falsch heraus. Und wir landen unverhofft auf der Nase. Immer und immer wieder, im Beruf wie im Privaten. Theoretisch wissen wir das alles. Dennoch tappen wir allzu gerne in die Perfektionismusfalle und gehen sehr streng mit uns um. Und niemand ist so streng und unerbittlich wie unser innerer Kritiker! Mit ihm führen wir endlose, teils hitzige, teils vorwurfsvolle Diskussionen darüber, worin wir mal wieder voll versagt haben oder wider besseres Wissen gescheitert sind. Das weiß ich aus eigener Erfahrung. Ich habe viele wundervolle Seminare besucht, großartige Redner auf der Bühne erlebt und unzählige inspirierende Bücher über alle nur erdenklichen Aspekte der Teamführung gelesen. Theoretisches Wissen ist also reichlich vorhanden. Doch auch ich scheitere immer wieder in der Praxis. Dann könnte ich mich schwarzärgern, weil ich wieder mal nicht optimal reagiert habe oder einfach nichts so richtig klappen will. Auch mein Team ist nicht unfehlbar, es gibt immer wieder kleinere und größere Pannen.

Mittlerweile trete ich in solchen Situationen aber einen Schritt zurück, betrachte das große Ganze und mache mir bewusst: Fehler passieren. Das ist unvermeidbar, denn niemand ist perfekt. Diese Tatsache müssen wir uns immer und immer wieder vor Augen halten. Ich sage das deshalb so deutlich, weil wir im Jammertal oft glauben, dass *alle anderen* es voll draufhaben – nur wir selbst kriegen irgendwie nichts auf die Reihe. Reine Selbstabwertung, die auf einer fehlerhaften Wahrnehmung der Wirklichkeit basiert! In jedem Perfektionisten wurzelt eine tiefe Angst vor der eigenen Unzulänglichkeit. Sich dieser Angst zu stellen ist Teil des Weges für jeden Menschen, vor allem für jene, die andere führen wollen. Die Erkenntnis, dass wir alle unzulänglich sind und dass es gut so ist, ist befreiend und entspannt enorm, wenn es mal wieder nicht optimal läuft.

Auch die Bedingungen bei Lattoflex und in unserer Branche sind nicht ideal, es ist kein Paradies der ewigen Glückseligkeit, sondern hat ebenso seine Höhen und Tiefen wie alles im Leben. Ich versuche seit vielen Jahren, unsere Manager und Mitarbeiter auf Krisen vorzubereiten. Denn wie in einem Trainingscamp können wir uns durchaus in guten Zeiten für den nächsten Fehlschlag wappnen. Wir setzen uns dabei frühzeitig mit unseren Ängsten auseinander und schauen bewusst auf das Leben. Auf das wahre Leben, wohlgemerkt. Eines, das eben auch Niederlagen und Krisen beinhaltet.

Was auch immer wir tun, ob in unseren Unternehmen oder privat, uns sollte immer bewusst sein: Es gibt keine hundertprozentige Sicherheit. Aus diesem Grund sollten wir uns nicht nur systematisch mit dem Erfolg und dessen Regeln auseinandersetzen, sondern uns ebenso klarmachen, was wir tun müssen, um möglichst schnell und sicher durch einen aufziehenden Sturm zu kommen. Aufmerksam und mit klarem Kopf durch eine Krise zu gehen ermöglicht es einem Unternehmen oder einem Team, eine neue Ebene von Kraft und Wissen zu erreichen. Dazu müssen wir aber unsere Wahrnehmung von Fehlschlägen verändern und der Krise den Beigeschmack der Katastrophe nehmen.

Exzellente Führung ist in Krisenzeiten gefragt – darüber sind wir uns vermutlich alle einig. Meiner Erfahrung nach brauchen Unternehmer und Führungskräfte ein bestimmtes Mindset, um mit Krisensituationen jedweder Art souverän umzugehen. Es geht dabei um die Art und Weise, wie wir Rückschläge und Fehler betrachten und wie wir uns selbst gedanklich in einer Krisensituation ausrichten. Entscheidend ist dabei weniger, was im Außen passiert, als eher unsere innere Klarheit, mit der wir auf die Situation blicken und ins Handeln kommen.

Jedem Bestandteil dieses »Mindsets für Manager und Macher«, das sich für mich über die letzten Jahre herauskristallisiert hat, ist daher im Folgenden ein eigenes Kapitel gewidmet. Es sind sieben Grundlagen, auf denen nach meiner Erfahrung ein erfolgreiches Krisenmanagement basiert. Wichtig dabei ist jedoch zu erkennen, dass es vor allen Dingen um uns selbst geht.

# 1

# DEMUT

**Alle Wege bahnen sich vor mir,
weil ich in der Demut wandle.**

*Johann Wolfgang von Goethe*

# DURCHKREUZTE PLÄNE

Wie heißt es doch so schön: »Wenn du die Götter zum Lachen bringen willst, erzähl ihnen von deinen Plänen.« Und die hatten in der Zeit ab Sommer 2017 echt viel zu lachen mit mir.

Rückblick: Im Jahr 2015 war ich noch der König der Welt – oder besser gesagt: der Bettenwelt. Also, so fühlte ich mich jedenfalls. Unser Unternehmen wuchs seit mehreren Jahren stetig und irgendwie glückte uns alles, was wir anfassten. Wir wurden in Umfragen zum beliebtesten Lieferanten der Bettenbranche gewählt, drei Jahre in Folge. So etwas beflügelt natürlich ungemein, verführt aber auch zu gefährlichen Höhenflügen – Ikarus lässt grüßen.

Ich fühlte mich unbesiegbar. Was sollte mir schon passieren? Das Universum spielte nach meinen Regeln. Was, es gab ein Problem? *Zack!* – im Handumdrehen gelöst. Das Nächste, bitte! Microsoft-Gründer Bill Gates brachte es auf den Punkt, als er sagte: »Erfolg ist ein schlechter Lehrer. Er verführt schlaue Menschen dazu, zu glauben, sie könnten nicht verlieren.« Und da das Universum offenbar wusste, dass ich damals noch ein schlechter Zuhörer und ein extrem langsamer Lerner war, fuhr es gleich die richtig schweren Geschütze auf, um mich gnadenlos aus meiner Erfolgsillusion zu katapultieren. Im Laufe von zwei Jahren zeigte das wahre Leben mir, wer wirklich die Hosen anhat. Auf allen Ebenen krachte es gewaltig: Firma, Familie, Beziehung. Ich plante wie immer akribisch und durchdacht, doch nichts funktionierte so, wie ich es wollte. Die Realität machte meine schön durchdachten Pläne zunichte. Immer und immer wieder. Das große Finale war, dass ich – statt bei meiner Mutter wie jedes Jahr am 25. Dezember den leckeren Weihnachtsputer zu genießen – körperlich zusammenbrach und erst auf der Intensivstation wieder zu mir kam. Diese Botschaft war unmissverständlich.

## Ohne Netz und doppelten Boden

Durch meinen persönlichen Erkenntnisprozess bin ich demütiger als früher, denn mir ist bewusst geworden, wie wenig im Leben wir tatsächlich im Griff haben. Früher erzählte ich bei meinen Vorträgen dem Publikum, wie man alles richtig macht, um garantiert erfolgreich zu sein. Mittlerweile weiß ich: Selbst wenn man vermeintlich alles richtig macht, ist dies kein Garant für Erfolg. Deshalb liegt es mir sehr am Herzen, dass wir uns endlich von der Illusion befreien, es gäbe einen hundertprozentig sicheren Weg zum Erfolg. Das erzeugt nämlich nur Stress und führt zu falschen Reaktionen, wenn mal etwas schiefgeht.

Zugegeben, Demut ist ein etwas altertümlicher Begriff, der nicht mehr richtig in unsere schnelllebige Zeit zu passen scheint. Und doch ist er für mich zu einem der zentralen Begriffe in Bezug auf die Krisenbewältigung geworden.

Demut bedeutet für mich zu erkennen, dass das Leben oft eigene Wege geht und wir uns noch so sehr anstrengen und planen können – am Ende läuft dann doch vieles anders. Demut heißt für mich aber auch zu akzeptieren, dass wir oft nicht auf Anhieb sehen, wozu eine Krise oder eine Niederlage dient, wofür sie also letztlich gut sein kann. Rückblickend fällt diese Erkenntnis leichter. Aber während der Sturm tobt, will man da eigentlich nur noch lebend rauskommen. Die Sinnfrage stellt sich in der Situation erst einmal nicht.

Wer demütig ist, nimmt das eigene Ego zurück oder, wie Bodo Janssen, Inhaber der Hotelkette Upstalsboom, es treffend formuliert: »Demut ist der Mut, in die Tiefen deiner selbst hinabzusteigen und deinem eigenen Schatten ins Gesicht zu sehen.« Er fasst seine persönliche Selbsterkenntnis so zusammen: »Ich hatte das Gefühl, die Welt in der Tasche zu haben, auf alles eine Antwort zu haben – und vor allen Dingen immer die richtige. Das heißt, ich gehörte eher dem klassischen Bild der Führungskraft an, die glaubte, den Menschen zeigen und sagen zu müssen, wie was zu funktionieren hat, damit es tatsächlich zum Erfolg führt. Doch wer selbst nur spricht, der erfährt nichts Neues.«

Diese Erkenntnisse und tiefen Wahrheiten helfen mir jeden Tag in meinem Team zu Ebenbürtigkeit, einem Miteinander auf Augenhöhe zu kommen. Und das ist gut so! Denn Konkurrenz innerhalb des Unternehmens kostet enorm viel Geld und Energie. Nicht selten basieren interne Konflikte auf der falschen Vorstellung, man selbst wüsste alles und sei immer im Recht – und alle anderen müssten das doch nur endlich kapieren. Eine solche Form der Überheblichkeit schleicht sich oftmals unbemerkt und langsam ein, daher tut es gut, sich von Zeit zu Zeit zu erden, zu reflektieren und sich weiterzuentwickeln (mehr dazu in Kapitel 2).

## Zwischen Stolz und Überheblichkeit

Solange wir uns in unserer Komfortzone befinden, kann kein Wachstum stattfinden: Wir wissen, was wir tun, erreichen unsere Ziele, haben die volle Kontrolle über das Geschehen und machen alles immer auf dieselbe Art und Weise. Innerhalb dieser Zone gibt es keinen Grund, sich zu bewegen, sich zu entwickeln. Es mangelt an der Motivation, Neues zu erkunden, über die eigenen Grenzen hinauszugehen und auszuloten, was sich jenseits der Komfortzone befindet. Auch bei Lattoflex waren und sind wir hin und wieder in unserer Komfortzone »gefangen«. Gerade in den Jahren zwischen 2010 und 2015 hatten wir das Gefühl, am Ziel zu sein. Wir brauchten uns nicht mehr zu verändern. Glaubten wir zumindest. Alles lief wie am Schnürchen – aber eben auch in ein und demselben Rhythmus. Immer im September planten wir das Folgejahr und übertrafen regelmäßig unser Soll. Die Kunden waren begeistert und wir bekamen Schulterklopfen von allen Seiten. Also, warum sollten wir uns infrage stellen oder gar verändern?

Ich erinnere mich noch gut an unsere Planungsmeetings in dieser Zeit. Sie waren eine Mischung aus Stolz, Überheblichkeit und Arroganz. Auf die Frage, wie denn ein gefährlicher Wettbewerber aussehen könnte, hatten wir eigentlich keine rechte Antwort. Wir waren die Größten, die Besten, die Stärksten. Doch wie heißt es so schön: »Hochmut kommt vor dem Fall.« Und wir fielen tief. Denn die Marktumbrüche durch den Onlinehandel, die mit einer Schwächung des stationären Fachgeschäfts einhergingen, trafen uns nahezu unvorbereitet. Urplötzlich mussten wir ins Handeln kommen und unser Geschäftsmodell infrage stellen. Obwohl wir uns heute noch inmitten dieses Prozesses der Umstrukturierung befinden, kann ich schon jetzt feststellen, wie wertvoll dieser Impuls war, der uns einmal mehr wachrüttelte. Wir feilen derzeit an einem neuen Geschäftsmodell, entwickeln wieder neue Produkte und treten mit völlig neuen Zielgruppen in Kontakt. Heute ist wieder wesentlich mehr Schwung drin.

## Herausforderung und Wachstum

Ich glaube, dass die Chance zu lernen in dem Maß steigt, in dem unser geordnetes, bequemes Leben aus der Balance gerät und unkontrollierte sowie unerwartete Geschehnisse uns ins Handeln bringen. Jedes Ungleichgewicht im Leben – egal in welcher Größenordnung und in welchem Bereich – ist eine Lernchance. Deshalb plädiere ich auch in guten Zeiten dafür, dass meine Manager und Mitarbeiter Workshops und Seminare besuchen, die ihrer Persönlichkeitsentwicklung dienen. So haben wir bei Lattoflex zum Beispiel Seminare mit Shaolin-Meistern durchgeführt oder die Mitarbeiter in der Praxis der Meditation unterrichtet. Jede Form von Weiterbildung, die darauf angelegt ist, von außen auf sich und auf das Unternehmen zu schauen, ist meiner Meinung nach extrem hilfreich. So wie man mit Passagieren auf einem Kreuzfahrtschiff das Besteigen der Rettungsboote trainiert, oder das richtige Verhalten bei einem Hausbrand oder anderen Notfällen einübt, kann jede mentale Technik und jede neue Fähigkeit helfen, in einer Krise entspannter zu reagieren.

Auf ein gut ausgebildetes und gerüstetes Team, das Strategien zur Stressbewältigung beherrscht, mit sich selbst im Reinen ist und unter Druck weiterhin ansprechbar sowie entscheidungsfreudig bleibt, kann ich mich als Chef in Krisensituationen nahezu blind verlassen. Das gibt mir den Freiraum, mich zurückzuziehen, um die nötigen Kurskorrekturen in Ruhe vorzubereiten. Es ist wie bei einem Fußballteam, das beim Training auch immer wieder mal Elfmeterschießen übt: Man weiß nie, ob diese Fähigkeit im nächsten Spiel gebraucht wird. Sollte es aber so weit kommen, zum Beispiel weil die Partie in der regulären Spielzeit nicht entschieden werden kann, ist das Team auf diese Weise bestens auf diese Ausnahmesituation vorbereitet.

Führungskräfte müssen zudem sich selbst und ihren Teams immer wieder klarmachen, dass Krisen unvermeidlich sind. Es geht dabei aber nicht darum, nur das Negative zu sehen, im Gegenteil. Erfolge dürfen, ja sie müssen sogar gefeiert werden, und wir dürfen stolz auf unsere Teamleistung sein. Aber wir dürfen das alles nicht als Selbstverständlichkeit betrachten.

Wir sollten uns in Demut üben und dankbar sein für die guten Zeiten, denn turbulent wird es früh genug wieder. Jede Siegesserie reißt irgendwann ab, und keiner von uns ist unfehlbar. »Eines muss ich ganz klar sagen: Man darf als Unternehmer nicht nur von sich selbst sprechen. Ich, ich, ich – nein! Erfolg ist eine Teamleistung. Jeder Einzelne trägt entscheidend dazu bei und sollte dafür auch Anerkennung bekommen«, betont mein Vater, Wilfried Thomas, ausdrücklich. »Wenn ich mir die Entwicklungsgeschwindigkeit im Markt ansehe, mit Digitalisierung und all den Möglichkeiten, die die nächste Generation hat, von denen ich nur träumen konnte, zum Beispiel sich selbst zu verwirklichen, die Welt zu bereisen und überall auf der Welt zu arbeiten – all diese Möglichkeiten muss ein Unternehmer heutzutage beherzigen. Ich finde, es ist von Jahr zu Jahr schwieriger geworden, ein Team für eine Sache zu begeistern und zu motivieren, dass sie voll dahinterstehen und sich durchbeißen und kämpfen. Ich glaube, dass wir gerade daran auch in Deutschland arbeiten müssen, da noch jede Menge dramatische Veränderungen vor uns liegen. Dann haben wir meiner Meinung nach eine Chance, einer weiteren Spaltung in den Betrieben und in der Gesellschaft entgegenzuwirken.«

Wandlung ist notwendig wie die Erneuerung
der Blätter im Frühling.

*Vincent van Gogh*

## Der Mensch im Mittelpunkt
*Ein Gespräch mit Wilfried Thomas über
Demut und die Kultur im Unternehmen*

Wilfried Thomas ist Zeitzeuge der Erfindung von Lattoflex sowie der Firmenentwicklung über all die Jahre. Sein Verdienst als Unternehmer ist sicherlich, dass er aus einer kleinen Tischlerei ein Weltunternehmen gemacht hat. Eines ist gewiss: Ohne sein unermüdliches Wirken hätten wir es nicht durch die zahlreichen Krisen geschafft, gerade in den Anfangsjahren. Von ihm habe ich vor allen Dingen gelernt, was es bedeutet, als Unternehmer für Klarheit und Entscheidungen zu sorgen. Dabei geht es weniger darum, ob sich jede Entscheidung am Ende als die richtige herausstellt, sondern darum, den Mut zu haben, nach vorne zu gehen und überhaupt zu entscheiden (mehr dazu in Kapitel 6). Diesbezüglich ist und bleibt mein Vater mein großes Vorbild. Besonders beeindruckt und geprägt hat mich, dass er seine Arbeit mit voller Leidenschaft und Kraft über all die Jahre für das Unternehmen und die Mitarbeiter geleistet hat, ohne dabei jemals den Blick für den einzelnen Menschen und unsere Familie zu verlieren. Er geht jeden Tag durchs Unternehmen, spricht mit der Belegschaft und sorgt sich darum, wie es den Leuten geht. Dieses persönliche Engagement über seine normalen Aufgaben hinaus ist es, was meinen Vater zu einem besonderen Menschen, zu einer besonderen Führungskraft macht. Bis heute ist die tiefe Wertschätzung der Mitarbeiter ihm gegenüber spürbar.

*Du bist bereits seit Jahrzehnten Unternehmer und
hast damals zusammen mit Hugo Degen den Markt
für Lattenroste praktisch erfunden. Wie hat alles
angefangen?*

Meine Wiege stand oberhalb der Möbelwerkstätten meines
Vaters. Er hat damals besondere Möbel gemacht und das
hat mich geprägt. Als ich 1962 die Möbelwerkstatt übernommen habe, war für mich eine Zielsetzung: Mach nie
Standard, sondern immer etwas Besonderes. Im Marketing
würde man das wohl »Alleinstellungsmerkmal« nennen.
Das haben wir auch über die Jahre getan und bis heute bei-
behalten.

*Seit seiner Gründung hat sich unser Unternehmen
mehrfach radikal gewandelt und zum Teil völlig neu
erfunden. Das war und ist mit Risiken und Turbulen-
zen verbunden, was man an den Höhen und Tiefen,
die Lattoflex über die Jahre durchlebt und durchlitten
hat, ganz eindeutig sieht. Wie empfindest du das alles
rückblickend?*

Klar, wenn man neue und unbetretene Wege geht, kann
man schnell mal in die Irre gehen und Fehler machen. Das
haben wir auch reichlich immer wieder getan. Man spricht
dann wohl von einer Krise, aber ich muss dazu sagen: Jede
Krise ist wie ein Erdbeben. Es werden vorher klare Signale
gesendet. Wenn man diese wahrnimmt, kann man oft
noch rechtzeitig gegensteuern.

Grundsätzlich glaube ich, dass wir als Menschen wie
auch als Unternehmer Krisen brauchen. Ein Mensch, der

noch nie krank gewesen ist, weiß nicht, was Gesundheit ist. Aus der Krankheit heraus entsteht Demut und das ist ganz wichtig für uns. Das Gleiche gilt für Unternehmen. Durch eine Krise ist man gezwungen – oder positiv ausgedrückt: in der Lage –, Bilanz zu ziehen und die ganze Angelegenheit einmal grundsätzlich zu betrachten, um dann an irgendeinem Punkt zu entscheiden: »Ich glaube, dass wir hier nicht nur ein bisschen was verändern oder ein bisschen besser werden können, sondern grundsätzlich darüber nachdenken müssen.« Dann hat man die Chance, sich als Unternehmen neu zu erfinden. Das haben wir in unserer Firmengeschichte mehrfach getan: Wir haben den ersten Lattenrost der Welt auf den Markt gebracht. Wir haben Produkte für Menschen mit Handicap entwickelt. Aktuell produzieren wir Kohle- und Glasfaserprodukte in selbst entwickelten Anlagen. Eine Holzproduktion findet bei uns heute überhaupt nicht mehr statt – ebenfalls eine grundlegende Veränderung, die mit einem nicht geringen Risiko verbunden war.

*Heutzutage sind ja viele Leute nervös im Hinblick auf Digitalisierung und fragen sich, wie es im Handel weitergeht. Wie schätzt du die aktuelle Lage ein?*
Ich beobachte, wie sich die nachwachsende Generation verhält und welche Werte sie vertritt. Ich sehe auch unsere Politik und ich sehe vieles mehr um mich herum in meiner kleinen Stadt hier. Und ich glaube, dass eine Krise für uns gerecht wäre. Sie würde die Menschen vielleicht mal wie-

der auf den Boden der Tatsachen zurückholen und ihnen Demut beibringen. Sie wertschätzen das, was sie haben, in meinen Augen nicht mehr wirklich. Siebzig Jahre Frieden in diesem Land – das ist nicht selbstverständlich.

Was die Digitalisierung angeht: Dass neunzig Prozent der Menschen noch dagegen sind, ist völlig normal. Das ist bei der Automatisierung auch schon so gewesen, egal ob es das Fließband von Ford war oder die Dampfmaschine. Das Schlimmste, was man Menschen antun kann, ist etwas Neues!

*Du hast vorhin das Wort Demut verwendet.*
*Inwiefern ist es hilfreich, in der Krise oder im*
*Allgemeinen, demütig zu sein?*
Ich glaube, dass man im Leben generell demütig sein sollte. Demut bedeutet dabei zunächst einmal, dass man nicht alles kann und nicht alles weiß. Es gibt gerade im Consulting-Bereich unglaublich viele Leute, die glauben, alles zu wissen. Aber auch andere Unternehmer, die genau zu wissen glauben, wie Erfolg geht, nur weil sie einmal gesiegt haben. Und man selbst ist ebenso wenig vor dieser Überheblichkeit gefeit: Als wir mit dem Lattenrost doch noch erfolgreich wurden – anfangs wollte ihn ja noch keiner –, entstand geradezu der Zwang, auf diesem Level weiterzumachen. Wir wussten ja, wie es geht … Doch wie hat der große Fußballtrainer Sepp Herberger mal so treffend gesagt: »Nach dem Spiel ist vor dem Spiel.« Demut hilft dabei, dass man die gesammelten Erfahrungen wertschätzt und mitnimmt auf seiner Reise, sich aber trotzdem immer

wieder infrage stellen kann. Demut hilft Führungskräften auch beim Zuhören, statt selbstverliebt zu sagen: »Ihr habt doch keine Ahnung. Ich war schließlich erfolgreich. Ich weiß doch, wie es geht.«

*Mitten in der Krise haben wir oftmals einen totalen Tunnelblick und sind nur auf die aktuelle Misere fokussiert. Wie siehst du die Verantwortung einer Führungskraft oder eines Unternehmers gerade in stürmischen Zeiten, dem Team eine Richtung vorzugeben, sie für den neuen Kurs zu begeistern und ihnen zu versichern, dass alles gut wird?*
Ich glaube, dass man eines einmal ganz klar sagen muss: Wenn die Krise da ist, dann kann man keine neue Unternehmenskultur »mal eben so« aus dem Ärmel schütteln. Das ist unmöglich! Der Aufbau einer Unternehmenskultur beginnt mit der Firmengründung und ist ein kontinuierlicher Prozess. Ich persönlich habe viele Werte aus dem Sport übernommen, etwa dass man fair miteinander umgeht oder dass man auch verlieren lernen muss. Für ehrgeizige Leute, die etwas erreichen wollen, gehört das mit zum Schwersten. Auch Teamgeist ist wichtig, das »Wir«. Wir haben immer gesagt: »Wir Thomaner, uns kann keiner was!« So etwas schweißt doch zusammen.

Ich halte es für unglaublich wichtig, dass man sich als Führungskraft oder Unternehmer gerade in guten Zeiten überlegt, ob man gut darauf vorbereitet ist, falls morgen dieses oder jenes passiert. Denn dass eine Krise kommen wird, ist sicher. Das hat mit Können und Nicht-Können überhaupt nichts zu tun. Die Krise kommt und dann muss die Unternehmenskultur aufgebaut und vor allem tragfähig und belastbar sein.

*Du siehst also in der Krise durchaus positive Aspekte, nämlich Demut und Rückbesinnung, aber eben auch Entwicklungschancen. Ist das eine Charaktereigenschaft, die deiner Meinung nach alle erfolgreichen Unternehmer in sich tragen – also eher optimistisch als pessimistisch zu sein?*

Hundertprozentig. Ich bin zwar überhaupt nicht mehr drin im Geschäft, aber ihr habt riesige Chancen – und die nächste Generation, die eine Ausbildung hat, von der ich nur träumen konnte, hat eine noch größere Chance. Entschuldigung, wenn ich das mal so als alter Mann sage: Die müssen allmählich mal vom Sofa kommen!

# MEINE PERSÖNLICHE
# FEUERPROBE

Im Jahr 1992 startete mein Abenteuer Führung. Nach dem Abschluss meines Studiums bot mir mein Vater gleich die Geschäftsführung an. Dies war ein großer Schritt für mich, allerdings hatte ich mir den Start geschmeidiger vorgestellt. Gleich zu Beginn wurde es leider holprig. Anders ausgedrückt: Es gab für mich viele Gelegenheiten, aus Krisen etwas zu lernen.

Das Schiff Lattoflex geriet in schwere See. Die Liste der Probleme schien endlos: Es gab einen Boom von Discountanbietern in unserer Branche, die Maueröffnung ermöglichte eine preiswerte Fertigung von Möbeln im Osten, die meisten unserer Patente waren gefallen und der Wettbewerb kopierte uns und zog mit uns gleich. Es war die Hölle! Hätte ich vorher gewusst, was da alles auf mich zukommen sollte – ich glaube, ich hätte den Job nie angenommen. So steckte ich nun aber mittendrin und musste irgendwie klarkommen und meiner Mannschaft einen erfolgversprechenden Kurs vorgeben.

Mitten in diesem Sturm beschlossen wir, etwas ganz Neues zu wagen, um unser Unternehmen zukunftsfähig zu halten. Obwohl wir von Beginn an eine reine »Holzbude« gewesen waren – ich selbst habe ebenfalls eine Prüfung zum Tischlergesellen abgelegt –, war irgendwann klar, dass es nicht weiterging mit dem Werkstoff Holz. Und das

Manchmal muss es erst zusammenbrechen,
damit etwas Neues durchbrechen kann.

*Oprah Winfrey*

war nicht nur in unserer Branche so. Die Menschen fuhren ja auch nicht mehr auf Holzskiern, sondern bevorzugten mittlerweile Sportgeräte aus modernen Faserwerkstoffen. Also fingen wir an, ein völlig neuartiges Lattenrostsystem aus Glas- und Kohlefasern zu konstruieren. Mit allem, was wir an Hightech finden konnten.

Voller Stolz präsentierten mein Vater und ich im Jahr 1996 der staunenden Bettenwelt unsere neue Produktlinie. Wir glaubten uns im Himmel – und landeten in der Hölle der Wirklichkeit: Die neue Technik machte uns zu schaffen. Die Faserstäbe rissen bei Benutzung, eine Welle von Reklamationen überflutete uns und wir sahen uns mit wütenden Fachhändlern und Kunden konfrontiert, die uns beschimpften und ihre Produkte zurückgeben wollten. Das Vertrauen in unsere Marke war tief erschüttert. Die Umsätze brachen logischerweise in kürzester Zeit massiv ein und Lattoflex stand – wieder mal – am Abgrund.

## Eine bittere Pille

Ich muss zugeben, dass mich diese erste große Krise als frischgebackener Geschäftsführer eiskalt erwischt hat. Man lernt im Studium ja so einiges – aber niemand bereitet Menschen in der Ausbildung systematisch auf Krisen und radikale Umbrüche vor. Nun standen wir vor einem Scherbenhaufen: ein desillusioniertes Team, ein Markenvertrauen in Trümmern und Kunden, die uns aufgegeben hatten. Im Markt wurde schon auf unseren Untergang gewettet.

Wenn ich heute ehrlich auf meine Anfangsjahre zurückschaue, war diese Zeit exakt die Medizin, die ich damals brauchte, um als Führungskraft, aber auch als Person zu wachsen und mich zu entwickeln. Vor allen Dingen lernte ich schon früh, was man in einer Krise alles falsch machen kann, und ich begann, immer mehr den Wert einer Krise zu sehen. Und heute bin ich mir sicher: Das konkrete Verhalten von Führungskräften in einer Krise bestimmt, wie es nach der Krise weitergeht. Also ob eine Niederlage eine Chance bietet, stärker zu werden und Neues zu lernen – oder ob sie der Anfang vom Ende ist.

Vorteilhaft war sicher auch, dass es meinem Vater damals überaus wichtig war, gegenüber den Mitarbeitern die Führung von Lattoflex unzweifelhaft in meine Hände zu legen. Dieses Thema ist in Familienunternehmen häufig problembehaftet, da innerhalb der Familie oftmals nicht endgültig geklärt ist, wer nun eigentlich das Sagen hat, was dann zu Unsicherheiten in der Belegschaft führen kann. Für diese Klarheit bin ich meinem Vater bis heute unendlich dankbar, denn das ebnete mir definitiv den Weg als Führungskraft und Unternehmenslenker.

Wenn ich aus heutiger Sicht unsere damalige Lage betrachte, bin ich dennoch heilfroh, dass wir es irgendwie mit vereinten Kräften geschafft haben. Der Weg aus dieser Krise war mehr als steinig. Aber wir haben uns durchgekämpft.

Das größte Problem, das es für mich zu lösen galt, war die Verleugnung, dass es überhaupt ein Problem geben könnte. Selbst als die Umsatzzahlen nach unten gingen und parallel die Zahl der reklamierten Produkte nach oben kletterte, wurde keiner richtig aktiv. Ein Unternehmensberater, mit dem ich mich über die damalige Zeit unterhielt, brachte es auf den Punkt, als er sagte, dass oft erst das Haus richtig brennen muss, bevor wir ins Handeln kommen. Genauso war es damals bei uns. Es erforderte eine Menge Kraft und unzählige Gespräche, die alles andere als angenehm waren, um der Belegschaft klarzumachen, wo wir gerade standen: sehr nahe am Abgrund. Es ist wirklich faszinierend, mit welch hartnäckiger Ignoranz viele dieser Krise gegenüberstanden. Der Virus des Erfolgs – immerhin hatten wir den Lattenrost erfunden und waren gefühlt »Weltmeister« – hatte sie träge und selbstgefällig gemacht. Diese Verleugnung zu überwinden (mehr dazu in Kapitel 2) war am Ende der Schlüssel, um die Krise hinter uns zu lassen und mit der Zeit wieder auf die Erfolgsspur zurückzukehren.

## Der Bremsklotz Schuld

Menschen neigen bei einem Fehlschlag oder in einer Krise fast reflexartig dazu, in Windeseile einen Schuldigen zu suchen (siehe Kapitel 5). Und hier bilden Führungskräfte keine Ausnahme. Doch der Fokus auf das Thema Schuldzuweisung ist einer der größten Fehler, den eine Führungskraft machen kann – nicht nur in einer Krise, sondern generell. Nicht selten fügen Manager der Kultur in ihren Teams schweren Schaden zu, weil sie in der aufgeheizten Stimmung einer Krisensituation nicht in der Lage sind, Ruhe zu bewahren und sich neutral zu verhalten. Stattdessen lassen sie mitunter persönliche Schuldzuweisungen öffentlich in Meetings vom Stapel. In meinen Augen ein absolutes No-Go! Der dadurch verursachte Vertrauensbruch ist oft nur schwer zu kitten. Manchmal ist das Vertrauensverhältnis sogar langfristig beschädigt. Denn wer wird in Zukunft wagen, etwas Neues anzugehen, wenn er bei einem Fehlschlag schwerwiegende Konsequenzen zu befürchten hat? Wollen wir dieses Signal wirklich senden? Ich denke, das ist der völlig falsche Weg.

Diese Herangehensweise ist wenig hilfreich, um das eigentliche Problem zu lösen. Der auserkorene Sündenbock wird sich selbstverständlich verteidigen und rechtfertigen wollen, und in der Folge entfacht eine endlose Diskussion darüber, wer denn nun Recht oder Unrecht hat. Das kostet nur unnötig Zeit und Energie. Auch in unserer damaligen Krise beim Umstieg von Holz auf moderne Werkstoffe ging es letztlich nicht darum zu ergründen, wer denn bitte so bescheuert war, die falschen Materialien für die Glasfaserstäbe einzukaufen. Wichtig war einzig und allein, wie unsere Kunden schnellstmöglich – am liebsten schon ab morgen – wieder fehlerfreie Ware erhalten konnten. Der Fokus lag also auf der Behebung des eigentlichen Problems.

Die Schuldfrage ist wie ein Klotz am Bein. Es wird Zeit, dass wir uns endgültig von ihr verabschieden und uns lieber um adäquate Lösungen kümmern. Das ist eine meiner wichtigsten Erkenntnisse, für die ich bis heute unendlich dankbar bin und die ich immer wieder gerne von Neuem an mein Team und vor allen Dingen an frischgebackene Führungskräfte weitergebe.

## Der Wert von Krisen

Zweifellos ist es mehr als knifflig, eine Firma mit mehreren Hundert oder gar mehreren Tausend Mitarbeitern durch eine massive Transformation zu manövrieren. Es ist auch wahrlich kein Spaß, sich dem digitalen Wandel oder anderen Herausforderungen der Zeit zu stellen und in dem Zuge das Unternehmen und die Teams komplett neu auszurichten. Dennoch gibt es einen Teil in mir, der weiß, wie wertvoll diese Zeit für jedes Unternehmen in den Folgejahren sein wird. Krisen kurbeln Veränderungen an, vielleicht mehr als alles andere. Und vieles davon – das weiß ich aus eigener Erfahrung – wäre in »guten Zeiten« niemals möglich gewesen. Erst später, wenn wir zurückblicken, erkennen wir den wahren Wert, den eine Krise oder Niederlage für unsere persönliche Entwicklung sowie für Veränderungen im Unternehmen hatte.

Im Kern hat jede Krise eine Botschaft: Wir kennen die »richtige« Lösung nicht. Wir tun daher gut daran, uns selbst und unser Team auf die nächste Niederlage, den nächsten Rückschlag, die nächste Krise vorzubereiten. Dies erfordert vor allen Dingen einen sehr offenen Dialog über die Möglichkeit des Scheiterns. Nach meiner Erfahrung öffnet radikale Ehrlichkeit die Tür, um mit einem Fehlschlag schnellstmöglich fertigzuwerden. Ich spreche in Meetings daher immer sehr offen über die Möglichkeit, dass etwas schiefgehen könnte. Scheitern ist also immer eine Option. Und ich diskutiere mit meinem Team schon im Vorfeld mögliche Lösungen.

## Krisen als Lehrmeister
*Ein Gespräch mit Stefanie Steinleitner über
Kampfgeist und persönliche Weiterentwicklung*

Das Ehepaar Stefanie und Markus Steinleitner betreibt die
Bäckerei Steinleitner im bayerischen Straubing bei Mün-
chen seit 2009. Den Familienbetrieb selbst gibt es schon
seit den 1970er Jahren, mittlerweile gibt es neun Filialen.
Im Jahr 2015 belegte die Bäckerei Steinleitner in Johann
Lafers Fernsehsendung *Deutschlands bester Bäcker* den
zweiten Platz. In dem dazu passenden Buch *Besser backen
mit Bayerns bestem Bäcker* verrät Markus Steinleitner seine
Backgeheimnisse sogar jedem interessierten Hobbybäcker.
Auch Stefanie Steinleitner ist mit Leib und Seele dabei, obwohl ihre beruflichen Wurzeln ganz woanders liegen. Für
sie war es kein leichter Weg in die Welt des Brotbackens –
aber sie hat sich tapfer durchgekämpft und nach jedem
Fehlschlag wieder aufgerappelt. »Heute bin ich zuständig
für die Kundenbegeisterung, die Mitarbeiter, das Marketing – kurzum: unsere Kunden nennen mich die Seele der
Firma«, beschreibt Stefanie Steinleitner ihre Aufgabe.

Bemerkenswert ist diese rundum positive Entwicklung
vor allen Dingen, weil es um das Schicksal der Bäckerei lange
Zeit eher schlecht bestellt war. Im Jahr der Geschäftsüber-
nahme stand das Unternehmerpaar kurz vor der Insolvenz.
Die Rettung war die Rückbesinnung auf die ursprünglichen
Wurzeln: Brot backen wie zu Großmutters Zeiten. Diesem
Motto ist die Bäckerei bis heute treu geblieben.

*Erzähl mal, wie hast du persönlich den Einstieg
ins Bäckereigeschäft erlebt?*

Eigentlich habe ich eine Pleite geheiratet – und damit meine
ich nicht meinen Mann als Person, sondern sein Unternehmen. Es war ein Freitag, ich weiß es noch wie heute, als
wir zum Bankgespräch geladen waren. »Wann wollen Sie
endlich Insolvenz anmelden, Herr Steinleitner?«, lautete
die erste Frage. Ich saß daneben und wurde erst mal keines Blickes gewürdigt. Doch dann sagte der Bankberater
plötzlich: »Das größte Übel Ihrer Firma ist die Frau neben
Ihnen. Sie hat weder Ahnung vom Backen noch von Unternehmensführung.« Dieser Satz traf mich dort, wo es richtig
wehtut: in meinem Stolz, in meiner Ehre und in meinem
Herzen. Aber was soll ich sagen? Der Mann hatte recht.
Ich war Quereinsteigerin – als Therapeutin wollte ich ins
Bäckereigeschäft. Ich hatte von alldem null Ahnung. Selten
in meinem Leben habe ich mich dermaßen mies gefühlt.
Ich wollte mich nur noch verkriechen und meine Wunden
lecken. Doch es dauerte nicht lange, dann krempelte ich die
Ärmel hoch und sagte mir: »Du wirst kämpfen. Wenn wir
untergehen, dann mit wehenden Fahnen!«

*Was hast du dann getan? Wie ging es weiter?*

Als Erstes habe ich alles übers Brotbacken gelernt und den
Verkauf geschult. Denn das konnte ich als Tochter eines
Weinhändlers und Metzgers. Aber das hieß noch lange
nicht, dass ich Mitarbeiter führen konnte. Hier habe ich
alle Fehler gemacht, die es gibt, und viel Lehrgeld bezahlt.
Die Leute haben natürlich schnell gemerkt, dass es nach

wie vor nicht rund läuft, und ich dachte damals, ich müsste alles beschönigen. Ich hatte einfach Angst, mein Gesicht zu verlieren, und mein Selbstwertgefühl war gleich null.

Dann begann die Kündigungswelle. Ich muss keinem Unternehmer erklären, was hohe Fluktuation wirtschaftlich bedeutet – vor allem bei einem Geschäft, das alles andere als gesund ist. Aus Angst, noch mehr Leute zu verlieren, machte ich immer mehr Zugeständnisse, verausgabte mich und trieb mich bis an den Rand des Burnouts. Irgendwann wollte ich mich nur noch verstecken. Doch dann erinnerte ich mich an die wehenden Fahnen und beschloss: Was ich über Brot lernen konnte, konnte ich sicher auch über Mitarbeiterführung lernen. Und das tat ich dann auch.

*Wie hast du es geschafft, eure Mitarbeiter zum Bleiben zu motivieren? Wie hast du sie überzeugt, dass es dir ernst ist und dass sich das Durchhalten lohnt?*
Durch radikale Ehrlichkeit. In der nächsten Personalversammlung ließ ich komplett die Hosen runter. Ich gab offen zu, dass ich einen großen Teil zu der aktuellen Krisensituation beigetragen hatte und dass mir bewusst war, dass sich etwas ändern musste. Ich versprach meinen Mitarbeitern, mich so zu verändern, dass unsere Firma eine Zukunft hat, weil sie den Menschen einen fantastischen Nutzen bietet. Und ich versprach dafür zu sorgen, dass diejenigen, die den Weg mit uns gehen, einen sicheren Arbeitsplatz haben.

Als ich mit meiner Ansprache fertig war, herrschte Totenstille. Es war wahnsinnig schwer, das auszuhalten. Nach einiger Zeit stand einer unserer Bäcker auf und applaudierte. Fast alle anderen Anwesenden schlossen sich an. Mir fiel ein Felsbrocken vom Herzen und ich wollte und konnte meine Freudentränen nicht verbergen. Ich sagte nur noch: »Okay, Leute, dann lasst uns gemeinsam anfangen!«

*Was ist dein Fazit nach rund zehn Jahren im Geschäft?*
Wir werden als Brotspezialist von Bayern bezeichnet und es gab mehrere Berichte über uns im Fernsehen und im Radio, was uns natürlich sehr freut. Doch wir sind noch lange nicht am Ziel, wir haben noch so einiges vor. Fluktuation haben wir kaum noch.

Meine ganz persönliche Erkenntnis ist, dass ich Demut erlernen durfte. Demut davor, dass wir nicht alles steuern können in unserem Leben. Dass das Leben eigene Regeln hat und Krisen sich rückblickend immer als beste Lehrmeister herausstellen. Wo wäre ich heute ohne diese Tiefschläge von damals? Welch ein Geschenk, dass ich all das lernen durfte, mich so weiterentwickeln konnte!

*Was würdest du anderen Unternehmern oder*
*Führungskräften gerne mit auf den Weg geben?*
Ich bin zutiefst davon überzeugt, dass wir den größten Beitrag dort leisten können, wo wir sind. Wir bekommen nur die Aufgaben, die wir auch lösen können. Aber wir brauchen dazu Mut, wir brauchen Begeisterung und wir brauchen einen unstillbaren Hunger, uns und die Menschen, die uns anvertraut sind, weiterzuentwickeln.

Wir brauchen dafür nur eines zu tun: jeden Tag den nächsten Schritt gehen.

# ACHTERBAHN DER GEFÜHLE

»Jede Krise ist eine Lernchance« – das scheint erst einmal leicht dahingesagt. Denn wenn man gerade selbst in der wilden Achterbahnfahrt sitzt und nicht weiß, wie es hinter der nächsten Kurve weitergeht, wenn das Team wichtige Fragen stellt, auf die man keine Antwort weiß, wenn eine schlechte Nachricht die nächste jagt und die Emotionen Tag für Tag wilde Kapriolen schlagen, will man nichts von der einmaligen Chance in der Krise hören.

Krisen und Niederlagen berühren uns in unserem Innersten und wühlen uns auf. Doch Hand aufs Herz: Wenn wir durch ein dunkles Tal schreiten müssen, übertreiben wir gerne etwas. Wir werden theatralisch und benutzen Superlative, um unseren gegenwärtigen ach so schlimmen Zustand zu beschreiben. Das machen wir so lange, bis jedem um uns herum klar ist, dass dies ganz eindeutig das Ende der Welt ist. Doch nüchtern betrachtet ist jede Krise – und sei sie noch so schlimm – endlich. Und morgen ist wieder ein neuer Tag. Wenn Sie ehrlich auf Ihre persönlichen Lebenskrisen zurückblicken, stellen Sie vermutlich ebenfalls fest, dass die Situation in dem Moment zweifelsohne richtig mies war. Und dennoch hat sie Sie in irgendeiner Weise weitergebracht, oder? Jede gescheiterte Beziehung, jede gescheiterte Firma, jedes gescheiterte Projekt – ohne diese Niederlagen wären wir nicht so, wie wir heute sind.

## Hinderliches Kopfkino

Wir Menschen fürchten den Niedergang. Die Vorstellung, wir könnten bei etwas scheitern, egal ob im Sport, in einer Beziehung oder im Beruf, treibt uns schier in den Wahnsinn. Wir fürchten uns vor Niederlagen, vor dem Versagen. Lieber unternehmen wir nichts, als Gefahr zu laufen, mit unserem wie auch immer gearteten »Projekt« zu scheitern. In Gedanken sehen wir uns bereits am Boden liegen. Wir haben unsere Mitarbeiter, unsere Familien, unsere Eltern, unsere Lehrer, unsere Nachbarn zutiefst enttäuscht. Wir haben kläglich versagt. Dieses Kopfkino verhindert, dass wir uns mit offenen Augen auf die nahende Krise vorbereiten, um sie womöglich noch abzuwenden oder zumindest mit einigen wenigen Blessuren zu überstehen.

Das ist vergleichbar mit unserem Umgang mit dem Tod. Jeder, der sich schon einmal ernsthaft hingesetzt hat, um sein Testament zu formulieren, weiß, wovon ich spreche. Jeder weiß im Grunde, dass das Leben endlich ist. Doch es fällt uns emotional extrem schwer, dieser ultimativen Krise in unserem Leben – dem Tod – mutig ins Auge zu blicken. Am liebsten wollen wir die ganze Thematik weit von uns schieben und nichts damit zu tun haben. Anwälte für Erbschaftsrecht können sicherlich endlose Geschichten über unsere fehlende Akzeptanz der eigenen Sterblichkeit erzählen.

Ich finde es deshalb ungemein wichtig, eine Krise mit all ihrem Schmerz, der Wut, dass es schiefgegangen ist, und vielleicht sogar der Trauer, die damit einhergeht, bewusst anzunehmen und zu lernen, besser damit umzugehen. Allerdings ohne übertriebene Theatralik. Je mehr wir uns wehren und leugnen, wie schmerzhaft das Scheitern ist, desto schlimmer machen wir die Krise für uns selbst, aber auch für unser Team.

## FOKUS AUF DAS WESENTLICHE

Wenn ich eines über die letzten Jahrzehnte gelernt habe, so ist es angesichts von Krisen aller Art zu versuchen, zielführende Fragen zu stellen. Zu oft verzetteln wir uns in Gedanken wie »Warum ausgerechnet ich?« oder »Warum geht bloß immer alles schief?«. Oft landen wir durch die falschen Fragen in einem Teufelskreis aus gegenseitigen Schuldzuweisungen und dramatischen Schilderungen der Situation. Viel sinnvoller ist es, die aktuelle Krise als Tatsache zu akzeptieren, statt sie vollständig ergründen zu wollen. Beim besseren Umgang mit der Krise helfen folgende Fragen:

»Wie relevant ist dieser Fehlschlag, wenn wir in einem Jahr darauf zurückblicken?« Hand aufs Herz: Oft genug machen wir aus einer Mücke einen Elefanten. Vielleicht ist die Situation objektiv betrachtet gar nicht so tragisch, wie es im ersten Moment scheint. Mit dieser Frage erlauben wir es uns, Abstand vom aktuellen Geschehen und der emotional aufwühlenden Lage zu nehmen und weiter zu denken.

»Wie können wir diese Niederlage für uns nutzen?« Statt auf das Warum und auf die Schuldfrage konzentrieren wir uns auf die Chancen der aktuellen Krisensituation. Dies verlagert den Fokus auf das Positive und eröffnet uns die Möglichkeit, kreativ zu werden und gemeinsam einen Ausweg zu finden.

»Was ist der nächste sinnvolle Schritt, den wir hier und heute gehen können, um aus der Krise herauszukommen?« Mit dieser Frage kommen wir endgültig raus aus dem Jammertal und wieder ins Handeln. Jeder weiß, was er tun muss, um seinen Beitrag zum Gelingen zu leisten.

Wichtig ist jedoch, dass wir als Führungskräfte den berechtigten Emotionen der Beteiligten wie Wut, Trauer oder Frustration ausreichend Raum geben, sodass sie nicht unterdrückt oder geleugnet werden. Denn das rächt sich erfahrungsgemäß immer – manchmal früher, manchmal später. Das heißt nicht, dass wir Gefühle übermäßig dramatisieren. Es geht darum, diese inneren Prozesse bewusst wahrzunehmen und ihnen mit größtmöglicher Offenheit in einem vertrauensvollen Umfeld zu begegnen.

## Einladung zur Weiterentwicklung

Es liegt nicht in unserer Hand, jede Krise abzuwenden. Auch wenn dies eine bittere Erkenntnis ist, hat sie doch etwas Befreiendes. Denn obwohl wir die Krise nicht verhindern können, erlaubt sie uns, selbst zu entscheiden, wie wir mit ihr umgehen. Das heißt, wir können unseren

Du kannst nicht wählen,
was du im Leben erleben wirst.
Aber du kannst entscheiden,
wie du damit umgehst.

*Tony Robbins*

Blickwinkel, unsere Perspektive frei wählen. Es ist wie in einer Liebesbeziehung. Wir können uns um unsere Beziehung bemühen, uns engagieren und alles dafür tun, damit die Beziehung glücklich läuft. Trotzdem kann es passieren, dass unser Partner sich – aus welchem Grund auch immer – entscheidet zu gehen. Egal wie sehr wir uns angestrengt haben. Darauf haben wir keinerlei Einfluss. Wohl aber darauf, wie wir mit der Trennung umgehen.

Seit vielen Jahren versuche ich die bestmöglichen Wege zu ergründen, wie ich mit meinem Team gemeinsam nach Niederlagen neuen Mut und neues Wachstum finde. Trotz all meiner Erfahrung bin ich in diesem Punkt nicht unfehlbar. Ich zweifle regelmäßig an mir selbst. Ich führe Selbstgespräche, die halbe Nacht hindurch, anstatt friedlich zu schlafen und mich für den nächsten Tag auszuruhen. Vermutlich können viele Führungskräfte und Unternehmer davon ebenfalls ein Lied singen. Nichts ändert etwas daran, dass Krisen eine einschneidende und oftmals schmerzhafte Erfahrung sind. Nichtsdestotrotz gewinnen wir gemeinsam von Mal zu Mal mehr Sicherheit im Umgang mit unseren Niederlagen. Der einzige Fehler wäre, wenn wir an den Krisen festhielten. Wenn wir uns weigerten, unsere Lektion zu lernen, und einfach stehen blieben – aus Angst, es könnte noch schlimmer werden. Ob wir etwas aus einer Krise lernen, liegt in unserer Hand, wir sind dazu aber in keiner Weise verpflichtet. Es ist eher ein Angebot, das uns das Leben macht. Es liegt an uns, diese Einladung anzunehmen oder sie auszuschlagen. Mit den Konsequenzen unserer Entscheidung müssen wir allerdings leben.

## Bevor es weitergeht

Wir wissen es alle in unserem tiefsten Inneren und das Leben zeigt es uns nahezu jeden Tag aufs Neue: Egal wie gut wir auch planen, es kann immer anders kommen als gedacht. Diese Demut in uns, dass wir eben nicht alles im Griff haben und absolute Kontrolle nichts weiter ist als eine Illusion, eröffnet uns eine völlig neue Freiheit, gerade in Krisensituationen viel gelassener zu reagieren. Akzeptieren Sie die tiefe Wahrheit, dass Fehlschläge ein unabänderlicher Teil Ihres Lebens sind. Ihre Aufgabe ist einzig und allein, damit in Zukunft besser umzugehen.

Erstellen Sie eine Liste der fünf größten Krisen, die Sie in Ihrem bisherigen Berufsleben gemeistert haben. Wofür waren diese Situationen im Nachhinein betrachtet gut? Zu welchen wichtigen, vielleicht sogar lebensverändernden Entscheidungen haben sie geführt? Notieren Sie sich mindestens drei konkrete Erkenntnisse, die Sie und Ihr Team gewinnen konnten. Sie können so eine Liste natürlich auch für Ihr Privatleben erstellen, wenn Sie mögen, denn an persönlichen Krisen sind Sie ebenso als Person gewachsen und können Ihre Erfahrungen auf den Business-Alltag übertragen.

Stellen Sie sich die schlimmsten Krisen für Ihr Unternehmen vor: Was löst dieser Gedanke in Ihnen, in Ihrem Team aus? Welches sind Ihre größten Ängste, und wie könnten Sie ihnen begegnen? Wie könnten Sie sich auf den Worst Case vorbereiten – zusammen mit Ihrem Team?

# 2

# REFLEXION

Je stiller du bist,
desto mehr kannst du hören.

*Weisheit aus China*

# TURBULENTE ZEITEN

2001 war definitiv nicht mein Jahr. Und das von Lattoflex schon mal gar nicht. Wir hatten zwei Jahre zuvor eine neue, sehr innovative Produktlinie eingeführt – und uns dabei komplett verschätzt. Wir hatten mit total ungewohnten Materialien experimentiert: Glas- und Kohlefaser. Doch das Experiment ging voll in die Hose. Die Produkte hielten in der Praxis nicht stand. Eine Reklamationswelle folgte und das Vertrauen der Kunden in unsere Marke schwand. Die logische Konsequenz: Umsatzeinbrüche – um satte 20 Prozent in nur zwei Jahren. Unser Unternehmen stand sehr, sehr nahe am Abgrund, das war nicht nur der Führungsebene, sondern auch dem gesamten Team bewusst. Der Druck war riesig, dieses Problem schnellstmöglich in den Griff zu bekommen. Denn selbst echte Fans unter unseren Kunden wandten sich ab. Es gab nicht mehr viele Menschen, die daran glaubten, dass wir noch die Kurve kriegen konnten.

Es war eine Achterbahn der Gefühle – über Monate. Verzweifelt, ja geradezu verbissen suchte ich nach einem Weg, alles wieder in eine positive Richtung zu bewegen. Und verstrickte mich dabei heillos in endlosen Aktivitäten, schlief kaum noch eine Nacht richtig durch, da mein Gehirn pausenlos damit beschäftigt war, endlich die ultimative Lösung zu finden. Doch je entschlossener ich einer möglichen Lösung hinterherrannte, desto verwirrter wurde ich und zweifelte meine Entscheidungen an. Meine Klarheit, meine Fähigkeit, die nächsten Schritt zu überblicken, schwand zusehends.

Als inmitten dieses Chaos ein guter Freund anrief und mir begeistert von seinem Besuch in einem Meditationsseminar berichtete, hatte ich die spontane Eingebung: »Probier das auch!«

Aus heutiger Sicht kann ich meine damalige Entscheidung nicht logisch erklären. Es war wie der Ruf meiner inneren Stimme, die mich anspornte, mal einen ganz anderen Weg einzuschlagen. Schlimmer als jetzt konnte es ohnehin nicht mehr werden, oder? Also meldete ich mich kurzentschlossen zu einem fünftägigen Zen-Schweige-Retreat in einem Kloster an. So etwas hatte ich noch nie gemacht. Zwar hatte ich mich in den Jahren zuvor immer mal wieder mit dem Thema Meditation beschäftigt, aber eher halbherzig. Ich hatte bislang nie so richtig Zugang dazu gefunden. Mein innerer Kritiker schimpfte natürlich wie ein Rohrspatz: »Sag mal, geht's noch? Du willst fünf Tage auf einem bequemen Kissen sitzen, meditieren und schweigen? Hey, du musst *hier* was tun! Du musst die Firma retten!«

Trotz meiner emotionalen Zerrissenheit fuhr ich wie geplant. Und das war auch gut so.

# ÜBERWÄLTIGT
# UND OHNMÄCHTIG

Krisen, Probleme und Sorgen kapern unsere Gedanken und fressen unsere Energie auf. Abends liegen wir dann lange wach und es dreht sich munter in unserem Kopf: »Wie geht es denn nun weiter? Was mache ich morgen nur? Wie kann ich dieses Problem lösen? Was passiert, wenn es schiefgeht? Werde ich scheitern?«

Je tiefer wir uns in das Problem hineinwühlen, desto unlösbarer scheint es zu werden. Wir werden in gewisser Weise Teil des Problems. Ich habe das einmal vor vielen Jahren in einer Krisensituation in unserer Firma so beschrieben: »Der Chirurg, der den Blinddarm herausnehmen will, darf nicht im Blinddarm leben!« Dieser Satz ist inzwischen zu einem geflügelten Wort in meinem Team geworden.

Über die Jahre konnte ich immer wieder bei mir selbst, bei meinem Team und bei anderen Unternehmen drei typische Denk- und Verhaltensmuster identifizieren, die Menschen speziell am Beginn einer Krise an den Tag legen: Verleugnung, Erstarrung und blinden Aktionismus. Das Problem dabei: Sie alle führen in der Regel dazu, dass die Krise länger und qualvoller wird, als sie eigentlich sein müsste.

## Wie verblendet

Häufig verschließen wir die Augen vor einer drohenden Krise oder einem sich ankündigenden radikalen Wandel. Wir wollen nicht sehen, dass sich etwas verändert. Schon gar nicht, dass sich etwas zum Schlechten verändert. Das ist so, als würde in einer Beziehung der Partner sagen: »So geht es nicht weiter, Schatz! Wir müssen reden!« Und man selbst redet sich daraufhin ein: »Ach was, der andere kriegt sich schon wieder ein. Ist doch alles super. Außerdem wohnt er noch zu Hause. Passt doch!« Ein ungutes Gefühl bleibt dennoch. Das geht so lange gut, bis der Partner tatsächlich die Koffer packt. Doch dann ist es wahrscheinlich zu spät, um zu reden oder noch etwas zu kitten. Diese Scheuklappen gibt es natürlich nicht nur im Privaten, sondern überall auf der Welt. In Unternehmen, aber auch in Gesellschaften finden sich zahlreiche Beispiele dafür. Die Angst vor einer Krise ist so stark, dass wir alles nur Erdenkliche tun, um den Moment der Erkenntnis so lange wie möglich hinauszuzögern.

Legendär ist etwa die letzte Rede des rumänischen Diktators Nicolae Ceausescu. Man kann sie sich auf Youtube bis heute ansehen. Der gesamte Ostblock war damals in Aufruhr, die Menschen waren das alte System des Kommunismus leid. Der Diktator wollte davon jedoch nichts hören – obwohl seine Berater versuchten ihm klarzumachen, dass die Stimmung kurz davor war zu kippen. Auch Verbündete rieten Ceausescu dringend zum Rücktritt. Doch dieser ließ stattdessen eine zentrale Kundgebung in

Bukarest organisieren. Zehntausende Menschen wurden aus allen Teilen des Landes in die Hauptstadt gekarrt, um den Diktator zu bejubeln. Seine Rede sollte live im rumänischen Staatsfernsehen übertragen werden.

Bereits nach fünf Minuten lief die Veranstaltung komplett aus dem Ruder. In den hinteren Reihen begannen die Menschen zu buhen und riefen »Timișoara« – eine Stadt in Rumänien, die zum Symbol des Widerstands gegen das kommunistische Regime geworden war. Ceausescu versuchte mehrfach, wieder Herr der Lage zu werden: Die Leute sollten auf ihren Plätzen sitzen bleiben. Dann kündigte er spontan an, die Löhne um bis zu 20 Prozent anzuheben. Nichts davon hatte einen beschwichtigenden Effekt. Die letzten Bilder, bevor das rumänische Staatsfernsehen die Live-Übertragung unterbrach, zeigten einen völlig perplexen Diktator, der nicht wusste, wie ihm geschah. Wenige Tage später endete die Herrschaft der Familie Ceausescu über Rumänien.

Dass auch namhafte, erfolgreiche Unternehmen den unabwendbaren Wandel verleugnen, dafür gibt es zahlreiche Beispiele. Vor ein paar Jahren unterhielt ich mich mit einem ehemaligen Verkaufsleiter der Firma Agfa. Er hat den Niedergang des altgedienten deutschen Unternehmens durch die digitale Revolution hautnah miterlebt. Er beschrieb, wie alle kollektiv die Augen davor verschlossen, dass die Fotowelt digital geworden war und niemand mehr Filme kaufen würde. Ein ähnliches Schicksal erlitt parallel der Weltmarktführer für Filme: Kodak. Innerhalb weniger Jahre sackte der Weltmarktanteil des Unternehmens von über 60 Prozent ab, direkt in die Insolvenz. Dabei hat Kodak – und das ist die bittere Ironie dieser Firmengeschichte – die Digitalfotografie erfunden und die erste funktionsfähige Digitalkamera im Forschungslabor selbst gebaut! Hier zeigt sich erneut, wie weitreichend die Folgen der Verleugnung am Beginn einer Krise sind.

Auch bei Lattoflex gab und gibt es natürlich Momente, in denen die Verleugnung siegt. So geschehen nach den erfolgreichsten Jahren unserer Firmengeschichte: Der Umsatz entwickelte sich im Jahr 2016 eher durchwachsen. Wir schlugen uns ganz gut, aber irgendwie war die Luft raus und immer wieder waren Monate mit Umsatzrückgängen zu verzeichnen. Irgendetwas stimmte da eindeutig nicht, aber niemand wollte es so richtig wahrhaben. Rückblickend ist glasklar, dass sich in jenem Jahr etwas grundlegend veränderte und wir aufgefordert waren, unser gesamtes Geschäftsmodell zu überdenken. Die Fakten in aller Kürze: Unser bisheriges Modell basierte fast vollständig darauf, dass wir unsere Ware über den stationären Einzelhandel verkauften. Durch die Digitalisierung und den zunehmend wachsenden und florierenden Onlinehandel geriet der Einzelhandel vor Ort aber immer stärker unter Druck und das bekamen wir in dieser Zeit zum ersten Mal deutlich zu spüren.

Damals verfielen wir in das klassische Denk- und Verhaltensmuster am Beginn einer Krise: Verleugnung. »Ach, das ist doch keine Krise. So ein Quatsch! Einen schlechten Monat hat jeder mal. Das wird schon wieder …«, wischten wir kollektiv unsere Sorgen beiseite.

## Wie gelähmt

Irgendwann können wir der Krise aber nicht mehr entrinnen, so sehr wir auch unsere Augen verschließen. Sie ist unwiderruflich da und wir müssen uns dieser bitteren Tatsache stellen. Doch stattdessen hocken wir oft wie das sprichwörtliche Kaninchen vor der Schlange. Uns ist zwar die Gefahr bewusst und auch dass die Dinge absolut schiefgehen könnten, wir sind aber unfähig zu handeln. Das sind die Momente, in denen wir – egal ob Mitarbeiter oder Manager – morgens im Bett liegen und am liebsten einfach liegenbleiben würden. Wir sehen uns der Herausforderung schlichtweg nicht gewachsen und wollen uns verstecken. Vermeidungstaktik pur.

Hinter der Erstarrung liegt vor allen Dingen Angst. Der Grund, warum wir uns nicht bewegen, ist einzig und allein, dass wir uns vor der Veränderung fürchten, die eine Krise womöglich mit sich bringt. Diese Angst lähmt uns, und unser Gehirn entscheidet, dass es besser ist, nicht hinzuschauen und sich nicht zu bewegen. Es könnte ja noch schlimmer werden. Und wer weiß, womöglich zieht die Krise ganz ohne Zutun an uns vorüber. Reines Wunschdenken. In der Hirnforschung sind diese Mechanismen wohlbekannt. Immer wenn wir es mit Angst zu tun haben, verfallen wir in uralte Muster aus unserem Stammhirn. Wir versuchen zu fliehen – und wenn gar nichts mehr hilft, stellen wir uns tot. Und dieses Totstellen ist mit dem Erstarren gemeint. Wir wissen, es gibt eine Bedrohung, aber unsere einzige vermeintliche Strategie ist die der drei Affen: »Nichts sehen, nichts hören, nichts sagen.«

Ein Beispiel aus der Praxis: Einzelhandelsgeschäfte an kleinen und mittleren Standorten sind inhabergeführt und oft seit vielen Generationen in Familienhand. Der digitale Tsunami, der seit einigen Jahren über den stationären Handel in vielen Branchen hinweggefegt, bedroht natürlich auch diese jahrzehntelang gewachsenen Strukturen. Es ist nicht zu leugnen, dass die Frequenzen in den Innenstädten gerade in kleinen und mittleren Orten seit Jahren rückläufig sind. All diese Fakten sind offensichtlich. Trotzdem reagieren viele Handelsgeschäfte nicht darauf. Sie tun weiter das, was sie immer getan haben, auf dieselbe Art und Weise. Als würden sie hoffen, dass dieses ominöse Internet nur eine vorübergehende Trenderscheinung ist und ohnehin eher früher als später wieder verschwinden wird. Die Kunden werden dann schon zurückkommen. Das Ganze gipfelt in der Negierung der Tatsache, dass sogar ihre eigenen Kunden zunehmend im Internet einkaufen.

Auch in unserem Unternehmensalltag kommt es vor, dass wir Besprechungen abhalten, in denen die Teilnehmer tunlichst vermeiden, über das eigentliche brisante Thema zu sprechen, das uns allen Sorgen bereitet. Stattdessen kümmern wir uns intensiv um leichter handhabbare »Nebenkriegsschauplätze«. Unser Verhalten ähnelt dann Kindern, die etwas zu Aufregendes oder Spannendes in einem Film sehen und sich dann die Augen zuhalten. Es ändert nichts und sie wissen es eigentlich auch.

# Wie von Sinnen

Das dritte typische Denk- und Verhaltensmuster ist am schwierigsten zu durchschauen. Denn nun sind alle plötzlich total beschäftigt. Alle stürzen sich überhastet in Aktionen und Handlungen. Im Strategiemeeting fallen dann Sätze wie: »Jetzt muss mal was passieren!« Was dann passiert, ähnelt dem Lied »Nur noch kurz die Welt retten« von Tim Bendzko: Man schreibt E-Mails und Memos, erhöht die Anzahl von Meetings und verstärkt den Druck auf alle Mitarbeiter, jetzt endlich mal richtig Gas zu geben. Man hat offenbar Angst, zur Ruhe zu kommen, weil es das Gefühl verstärken würde, dass etwas grundsätzlich falsch läuft.

Statt zu schauen, was in der aktuellen Situation der richtige Weg sein könnte und welche Aktion tatsächlich Sinn ergibt, stürzen wir uns kopflos ins Handeln. Wir handeln aus Angst, oder weil wir uns nicht vorwerfen lassen wollen, nichts getan zu haben, aber eben nicht aus dem ehrlichen Bestreben heraus, mit Ruhe und Kraft die aktuelle Krise offensiv anzugehen. Blinder Aktionismus ist uns auch im Privatleben nicht fremd: Statt sich mit dem Partner bei einem Beziehungsproblemen hinzusetzen und zu reden, buchen wir einen Theaterbesuch oder eine Urlaubsreise nach der anderen. Nur nicht zur Ruhe kommen, denn dann müsste man ja fühlen und spüren, wo es derzeit wirklich hakt. Stattdessen sagen wir: »Seht her, ich tue alles, was ich kann!«

Wenn du etwas loslässt, bist du etwas glücklicher.
Wenn du viel loslässt, bist du viel glücklicher.
Wenn du ganz loslässt, bist du frei.

*Ajahn Chah*

# DER BLICK VON AUSSEN

Ich versuche seit jeher, meine eigene Wahrnehmung und natürlich auch die meines Teams kontinuierlich zu schärfen. Denn so sehr wir uns auch bemühen – die beschriebenen hinderlichen Denk- und Verhaltensmuster brechen sich immer wieder Bahn. Wie schon gesagt: Verhindern lassen sich Krisen nicht. Das Einzige, worauf wir Einfluss haben, ist unsere Reaktion darauf. Wichtig ist es vor allen Dingen, achtsam und wachsam zu sein. Mithilfe regelmäßiger Reflexion gehen wir bewusst auf Abstand zu unserem aktuellen Problem und schauen von außen auf die Lage, aus einer anderen Perspektive.

## Weg mit den Scheuklappen

Stellen Sie sich vor, ein guter Freund sitzt traurig auf Ihrem Sofa, weil er Beziehungsprobleme hat. Ihnen fällt es total leicht, die Situation objektiv zu betrachten und ihm einen Rat zu geben, was jetzt zu tun ist. Sie fragen sich insgeheim, warum er das eigentlich nicht schon längst selbst erkannt hat. Ist doch sonnenklar! Oder?

Ich verrate Ihnen etwas (Sie wissen es ja vermutlich schon): Ihrem Freund geht es genauso, wenn Sie sich bei ihm über Ihre Beziehungs- oder sonstigen Probleme auslassen. Denn bei anderen können wir die aktuelle Lage in der Regel mühelos analysieren, uns in die Gegenseite hineinversetzen und einen klugen Ratschlag erteilen. Doch für unsere eigenen Schwierigkeiten sind wir wahrlich blind. Das gilt nicht nur im Privaten, sondern auch im Business-Kontext.

Solange eine Krise andauert, haben wir Scheuklappen auf – manche sogar eine Augenbinde. Damit sehen wir nicht viel. Lediglich das dicke Problem hängt direkt in unserem Blickfeld, egal wohin wir den Kopf auch drehen. Die Lösung wird erst durch einen Perspektivwechsel sichtbar, doch dazu sind wir in der Situation oftmals nicht in der Lage. Wir sind fast blind, selbst für das Offensichtliche. Und je emotionaler, ängstlicher, panischer wir werden, desto stärker engt sich unser Sichtfeld ein, desto weniger können wir erkennen. So lässt sich kein Ausweg finden.

Dieses Muster müssen wir also bewusst durchbrechen. Wie das geht? Durch Reflexion! Indem wir uns selbst mithilfe einer Auszeit von dem Problem entfernen, können wir mit größerem Abstand eine andere Perspektive einnehmen und die Sache neu durchdenken.

## Keine Angst vor Veränderung

Ich habe selbst zahllose Phasen der Veränderung – mitsamt der inneren und äußeren Starre – durchlebt und konnte sie immer wieder auch in meinem Team beobachten. Als Führungskraft habe ich gelernt, sehr sorgfältig darauf zu achten, wann eine Person oder eine ganze Gruppe in den

Erstarrungsmodus verfällt. Das ist nicht immer auf Anhieb zu erkennen. Ich verlasse mich dabei sehr stark auf mein Bauchgefühl.

Um diese Erstarrung zu lösen, ist es nach meiner Erfahrung dringend erforderlich, sich die zugrunde liegenden Ängste bewusst zu machen und zu akzeptieren. Für Führungskräfte ist es wichtig, gerade in dieser Phase mit den Mitarbeitern sehr direkt und offen zu reden. Oft hilft es auch, das Phänomen der Erstarrung direkt anzusprechen, sei es im Mitarbeitergespräch mit dem Einzelnen oder im Meeting mit der gesamten Gruppe.

Bestimmt kennen Sie auch Situationen, in denen zum Beispiel in einem Meeting die Teilnehmer nicht mehr entspannt sind, alle irgendwie die Luft anhalten und am liebsten einen Agendapunkt komplett überspringen würden – aus Angst, das heikle Thema in der Breite und Tiefe diskutieren zu müssen. Wenn mir dieses Verhalten auffällt, spreche ich dies behutsam an. Ich versuche, den Emotionen, Ängsten und Sorgen meiner Mitarbeiter auf diese Weise Raum zu geben. Wenn die sprichwörtliche Katze erst mal aus dem Sack ist, trauen sich erfahrungsgemäß immer mehr Anwesende, sich offener zu äußern. Entscheidend ist dafür natürlich ein aufgeschlossenes Miteinander, in dem jeder sich aufgehoben und gehört fühlt.

Das Schöne daran: Je mehr sich die Erstarrung löst, desto mehr bewegen wir uns auf eine mögliche Lösung zu, da wir endlich wieder alle unsere Augen, unsere Ohren und unseren Verstand öffnen. Ohne die lähmende Angst vor dem Problem an sich sind wir wieder viel kreativer.

Ja, es gehört eine große Offenheit dazu, den Menschen zuzugestehen, dass sie Angst haben dürfen – und dass wir selbst auch Angst haben. Und ohne Frage sind große Umwälzungen, wie wir sie derzeit und auch in Zukunft in vielen Märkten erleben, furchteinflößend. Das sollten wir auch nicht beschönigen oder unterdrücken. Aber wir sollten die Chance wahrnehmen, uns aus der Erstarrung zu lösen und wieder ins Handeln zu kommen.

## Reflexion vor Aktion

Es ist wahrlich schwer für Führungskräfte, dieses dritte Denk- und Verhaltensmuster zu durchschauen, sowohl bei sich selbst als auch bei anderen. Denn vordergründig scheint jedermann beschäftigt zu sein und rotiert im Hamsterrad täglich vor sich hin.

Wenn ich zurückschaue auf all die großen und kleinen Krisen, so wäre es oft das Beste gewesen, einen Moment wirklich innezuhalten. Kopflose Reaktionen führen nämlich selten zum gewünschten Ergebnis. Es geht ja nicht darum, die Hände in den Schoß zu legen und nichts zu tun. Selbstverständlich müssen wir irgendwann ins Handeln kommen. Aber erst mal ist es wichtig, uns zu sortieren, um dann mit klarem Kopf zu definieren, welches der nächste Schritt sein könnte, der am effektivsten das Problem löst.

Sich zurückzunehmen oder gar komplett auszuklinken, um in Ruhe zu reflektieren, ist eine der schwersten

Herausforderungen für eine Führungskraft, denn das erfordert ein hohes Maß an gegenseitigem Vertrauen (mehr dazu in Kapitel 4). Hand aufs Herz: Oft haben wir als Führungskräfte das Gefühl, Feuerwehr spielen und alle Probleme im Alleingang regeln zu müssen. Wir halten uns für unverzichtbar und denken, dass ohne uns die Welt zusammenbricht. Dass dies eine Illusion ist, merken wir spätestens dann, wenn wir krankheitsbedingt ausfallen und unsere Mannschaft uns während unserer Abwesenheit das genaue Gegenteil beweist.

Ich hatte diesbezüglich erst kürzlich wieder ein Aha-Erlebnis, als ich mit meinem Sohn auf einer dreiwöchigen Trekkingtour in Nepal unterwegs war. Schon im Vorfeld war klar, dass ich die meiste Zeit nicht erreichbar sein würde, weder per Telefon noch per E-Mail. Doch wir steckten zu der Zeit gerade in der finalen Phase eines wichtigen Projekts. Das bedeutet, eigentlich mussten jeden Tag wichtige Entscheidungen gefällt werden, um das Projekt zum Erfolg zu führen. Trotz meiner vielen Vorerfahrungen und trotz meines Vertrauens in mein Team saß ich ehrlich gesagt mit großer Anspannung im Flugzeug und konnte wider besseres Wissen nicht verhindern, dass in meinem Kopfkino ein epischer Katastrophenfilm ablief. »Wenn das nur gutgeht! Habe ich wirklich an alles gedacht? Alles vorbereitet? Was, wenn ich etwas vergessen habe? Was, wenn das schiefgeht? Hätte ich doch nicht fliegen sollen? Mist, es ist die falsche Zeit!« Doch nach wenigen Tagen verstummte mein innerer Panikmacher und ich konnte mich langsam, aber sicher entspannen.

Und was soll ich Ihnen sagen: Selbstverständlich waren all meine Sorgen vollkommen unbegründet, weil mein Team in der Zwischenzeit in Deutschland alles wunderbar managte. Für mich ist es mittlerweile eine große Erleichterung zu wissen, dass ich mir bei Bedarf eine Auszeit nehmen kann, um den weiteren Kurs zu bestimmen und wichtige Entscheidungen zu fällen, ohne dass die Mannschaft in Aufruhr oder gar in Panik gerät.

Oft lassen wir uns vom äußeren Anschein blenden, von Emotionen überwältigen und zu unüberlegten Aktionen verleiten. Das ist nur menschlich. Dennoch wäre es besser, erst einmal einen Moment Luft zu holen und die Lage genauer zu analysieren. Meine Mutter riet mir immer gerne: »Erst mal eine Nacht drüber schlafen, Junge.« Und darin liegt sehr viel Weisheit. Deshalb gilt bei dem kleinsten Anzeichen von Fehlschlägen, Krisen oder hochkochenden Emotionen: Reflexion vor Aktion. Dabei kann es manchmal sinnvoll sein, eine Zeit lang gänzlich aufs Kommunizieren zu verzichten. So wie ich, als ich im Jahr 2001 meine Reise nach Würzburg zum Schweigeseminar antrat.

# WILLKOMMEN IN
# DER STILLE

Etwas nervös saß ich im Zug: Was mich wohl erwarten würde bei diesem Seminar? Ich hatte keinerlei Vorstellung. Ob die das ernst meinten mit der Stille? Würde ich damit überhaupt klarkommen? Tausend Gedanken schossen mir durch den Kopf.

Als ich in dem Meditationszentrum ankam, wies man mir ein einfaches Zimmer zu. Abends traf ich dann auf die anderen Teilnehmer. In einem klassischen Zendo – so heißen die Zen-Meditationsräume in Japan – versammelten sich zwanzig Menschen. Auf dem Boden lagen in einem Kreis schwarze Meditationskissen. Ansonsten war der Raum leer. Kein Flipchart, kein Beamer, kein Notebook. Nichts. Der Seminarleiter bat jeden Teilnehmer zu berichten, warum er da war. Diese Vorstellungsrunde ergab ein Sammelsurium menschlicher Krisen: Scheidungen, Probleme im Unternehmen, Streitereien in der Familie, Sinnkrisen und vieles andere mehr. Doch dann hatten die Worte erst einmal Pause.

Wir saßen zuerst schweigend auf unseren Kissen, bis ein Gong ertönte. Dann durften wir im Kreis eine Gehmeditation durchführen – ebenfalls schweigend. Alle zwanzig Minuten kam der Wechsel. Sitzen, gehen, sitzen, gehen. Unterbrochen wurde dieser rhythmische Ablauf nur durch einfache Mahlzeiten, die selbstverständlich ebenfalls schweigend eingenommen wurden. Das war alles. Keine Problemgespräche. Kein Analysieren des Für und Wider. Unsere Probleme, die wir zu Beginn knapp in Worte gefasst hatten, blieben bei uns. Unsere einzige Aufgabe war es, schweigend zu sitzen, zu gehen und zu essen.

Ehrlich gesagt waren die ersten zwei Tage die pure Hölle für mich. Mein Kopf explodierte regelrecht vor Gedanken. Nach außen hin war ich still, doch in mir kochte es. Selbstgespräche, Zweifel, Ängste und Sorgen – alles kam gleichzeitig wie eine Flutwelle über mich. Es war unendlich schwer, das auszuhalten. Am liebsten wäre ich abgehauen! Doch ich hielt durch. Und von Stunde zu Stunde verschwand das Schwere und Belastende in meinem Kopf und ich verspürte eine Ruhe in mir, die ich schon lange nicht mehr empfunden hatte. Sie breitete sich weiter und weiter aus, je länger ich auf meinem Meditationskissen saß. Es war wie ein wohliger Schauer der Entspannung und zunehmender Gelassenheit. Der Druck der letzten Monate fiel von mir ab, ich konnte endlich wieder durchatmen.

Besonders interessant war die Schlussrunde nach fünf Tagen. Endlich durften wir wieder reden! Jeder Teilnehmer sollte berichten, wie es ihm jetzt ging und ob sich seine Wahrnehmung und seine Gefühle im Vergleich zum Beginn des Seminars verändert hätten. Interessanterweise berichteten ausnahmslos alle Teilnehmer, dass sie nun viel entspannter auf ihre Probleme schauten. Viele hatten sogar neue Ideen gewonnen und die Zuversicht, ihr Problem lösen zu können, war bei allen gestiegen. Die meisten von uns brannten geradezu darauf, mit dieser wiederentdeckten Kraft in den Alltag zurückzukehren und die Dinge beherzt anzupacken.

Mir ging es ganz genauso. Am letzten Seminartag war mein Körper erfüllt von einer unerwarteten Leichtigkeit und Entspannung. Mein innerer Kritiker schwieg zum ersten Mal seit endlosen stressigen Monaten. Das Kopfkino war aus. Als ob jemand einen Schalter umgelegt hätte. Ich spürte wieder Ruhe, Klarheit und Mut in mir. Das verblüffte mich total. Wie konnte das sein? Aus dem Nichts – denn ich hatte ja nichts anderes getan als zu schweigen – war eine neue, positive Stimmung in mir entstanden und ich war mir sicher, unsere Probleme in den Griff zu bekommen.

Suche die Stille auf und nimm dir die Zeit
und den Raum, um in deine eigenen
Träume und Ziele hineinzuwachsen.

*Weisheit aus dem Zen*

# KRAFT UND KLARHEIT

Diese vollkommen neue Erfahrung brachte mich zu einer wegweisenden Erkenntnis, die bis heute mein Wirken und meine Ausrichtung gerade in Krisenzeiten prägt: Stille schafft Abstand, Klarheit und Kraft.

Nach meiner Rückkehr dachte ich lange über dieses Schlüsselerlebnis nach und diskutierte meine Erkenntnisse mit meinem Team: Krisen verursachen in unserem Kopf erst mal Chaos. Eine Krise ist niemals geplant. Sie kommt unkontrolliert über uns und macht uns Angst. Genau an diesem Punkt passieren die meisten Fehler, weil wir nur kopflos reagieren, statt überlegt zu agieren. Wir sind emotional angeschlagen und wollen irgendetwas tun. Egal was. Hauptsache, es passiert etwas. Blinder Aktionismus eben. Doch statt uns in hektischen Aktivitäten und Kurzschlussreaktionen zu verlieren, sollten wir in Ruhe in uns hineinhören, uns sammeln und neu sortieren, um wieder Kraft zu schöpfen und vor allen Dingen Klarheit zu bekommen. Darin liegt in meinen Augen der Schlüssel für jede erfolgreiche Krisenbewältigung.

Es gibt viele Beispiele von extrem erfolgreichen Managern und Geschäftsführern, die ebenfalls diesen Weg beschritten haben.

Bodo Janssen wählte in einer tiefen Führungskrise den Weg ins Kloster, um dort sich selbst zu finden und damit sein Unternehmen neu zu denken. Er schilderte mir seine Erkenntnisse so: »Die Krise ist, glaube ich, ein Resultat einer Unachtsamkeit. Und eine der wesentlichen Voraussetzungen für Achtsamkeit ist Schweigen und Hören. Das habe ich überhaupt nicht getan. Bei meinem Rückzug ins Kloster stieß ich dann auf die Regel des heiligen Benedikt: Das oberste Ziel der Arbeit der Benediktiner ist eine friedvolle Gemeinschaft mit gelingenden Beziehungen, und die Voraussetzung für eine gelingende Beziehung mit anderen ist eine gelingende Beziehung zu sich selbst. Bevor ich also eine Beziehung zu mir aufbaute, musste ich mir selbst näherkommen. Ich musste mit Achtsamkeit eine Verbindung aufbauen zwischen meinem Ich, sage ich mal so, und meinem Selbst.« Mehr über seine Gedanken und Schlussfolgerungen zum Thema Krise und Krisenmanagement lesen Sie in Kapitel 5.

Vanessa Weber, Inhaberin und Geschäftsführerin von Werkzeug Weber, erzählte mir von ihren ganz persönlichen Erfahrungen in einem Schweigeseminar, die meinen sehr ähneln: »Mein Gedankensee ist dort zur Ruhe gekommen. Ich hatte vorher immer das Gefühl, dass jemand permanent Steine in den See wirft, er andauernd Wellen schlägt und es stürmt. Nach drei Tagen dachte ich: Wow, da ist gerade nichts und niemand, der mich stört oder mir meine Gedanken kaputtmacht. Auch ich selbst nicht. Man ist ja selbst der größte Steinewerfer. Ich war vorher ein sehr hektischer Mensch und musste auch alles immer sofort erledigen. Das ist überhaupt nicht mehr so. Ich rege mich auch wesentlich weniger über Dinge auf, die mich stören.«

Die erfolgreiche Unternehmerin wird Ihnen in Kapitel 6 wieder begegnen, wenn es um das Thema Entscheidungen geht.

Der Gründer der amerikanischen Öko-Supermarktkette Wholefoods, John Mackey, erzählte in Interviews immer wieder davon, dass er einmal pro Jahr einen Monat komplett offline eine Wanderung mache. In dieser Zeit seien ihm die besten Ideen für die Weiterentwicklung seines Unternehmens gekommen. Und ich denke, jeder von uns kennt dieses Phänomen aus dem Alltag: Solange wir verbissen und krampfhaft nach einer Lösung suchen, sind wir blockiert, regelrecht erstarrt. Da ist keine Beweglichkeit im Kopf, alles schwirrt und surrt so laut, dass wir unsere Gedanken nicht mehr auseinanderhalten können. Ein Tapetenwechsel in eine stressfreie Umgebung beflügelt enorm, die Entspannung gibt der Fantasie, unserer inneren Problemlösungsfähigkeit, wieder Raum, sich zu entfalten – und dann sprudeln auch die Ideen wieder.

Probieren Sie es doch auch mal aus! Es müssen ja nicht immer gleich fünf Tage im Kloster sein – auch wenn ich diese Erfahrung jedem empfehle. Es reicht schon, sich für einen Tag zurückzuziehen. Hauptsache, Sie sind an einem ungestörten Ort bei sich selbst und eröffnen sich damit eine neue Chance, Ihre Gefühle und Gedanken zu ordnen, mit dem Ziel, neue Klarheit und neuen Fokus zu erlangen.

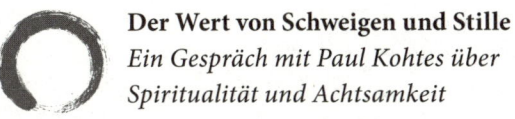

**Der Wert von Schweigen und Stille**
*Ein Gespräch mit Paul Kohtes über*
*Spiritualität und Achtsamkeit*

Paul Kohtes beschäftigt sich seit über dreißig Jahren mit Zen-Meditation und ermöglicht diese Erfahrungen im Meditations- und Schweigeseminar »Zen for Leadership« speziell Führungskräften und Unternehmern. Darüber hinaus ist er Buchautor einiger Bestseller über Zen und Meditation und hält Vorträge zu diesen Themen in Unternehmen und auf Managementtagungen.

Vor vielen Jahren habe ich an einem seiner Zen-Seminare teilgenommen und Paul Kohtes dabei als einen Menschen kennengelernt, der mit beiden Beinen auf der Erde steht, aber gleichzeitig ein sehr spiritueller Sucher ist. Besonders beeindruckt hat mich seine Fähigkeit, eine Brücke zu schlagen zwischen der Welt der Wirtschaft und der Welt des Zen. Dies macht seine Seminare so besonders, da sie für Führungskräfte eine Chance bieten, ohne Scheuklappen und ganz offen einen neuen Weg der Stille auszuprobieren.

*Für die meisten Menschen passen Spiritualität und*
*Wirtschaft ja gar nicht zusammen. Warum passt es*
*deiner Meinung nach doch?*
Anfangs hatte ich das ehrlich gesagt auch befürchtet, doch erstaunlicherweise ist es nicht so. Das klassische Klischee ist ja, dass Manager nichts anderes im Kopf haben als die Gewinnmarge und den Quartalsbericht. Doch ich habe

inzwischen so viele zum Teil hochrangige Führungskräfte kennengelernt – und es ist nicht einer dabei, der nicht zumindest ahnt, dass da »mehr« sein muss. Und irgendwann, spätestens im Laufe des Älterwerdens, taucht die Frage nach Spiritualität fast zwangsläufig auf.

Ich bin ja ebenfalls Unternehmer und habe irgendwann begonnen, mich mit Fragen der Spiritualität und der Meditation zu beschäftigen – aber nicht als Ausstieg, sondern als Begleitung durch das Leben. Das ist nach wie vor meine »Kernpositionierung«, wenn man so will. Ich versuche, Business und Spiritualität miteinander zu verknüpfen.

*Als ich damals an deinem Seminar teilgenommen habe, hat mich besonders beeindruckt, dass man bei dir gar keine Antworten bekommt. Die meiste Zeit wurde im Sitzen geschwiegen und meditiert. Schweigen, in sich hineinhören, warum sollte man das tun?*

Ich sage es mal mit einem Bild: Wenn ein Handtuch in die Waschmaschine geworfen wird, damit es wieder sauber und frisch wird, dann ist das für das Handtuch nicht besonders angenehm. Es wird dabei durchgeschüttelt und durchgedreht und am Ende sogar noch geschleudert. So ähnlich ist der Prozess in der Stille des Sitzens. Allzu viel zu sprechen ist dabei nicht so sinnvoll, denn dabei werden nur die gängigen Muster bedient. In den meisten Fällen ist ein regelrechter Turnaround nötig, also die Dinge von einer ganz anderen Perspektive aus zu betrachten.

Jeder von uns schleppt einen Berg von unverarbeiteten, ungeklärten Themen mit sich herum, die in der Hektik des normalen Lebens einfach keinen Platz haben. Die werden verdrängt und unterdrückt, machen sich aber natürlich trotzdem irgendwie bemerkbar. Beim Meditieren werden all die Dinge freigesetzt: In der Stille kommen sie auf einmal hervor – wie böse Geister der Erinnerung. Und die rütteln uns oftmals gehörig durch! Das zeigt sich unter anderem in körperlichen Schmerzen oder Verspannungen. Viele Seminarteilnehmer beginnen auch zu weinen, weil nun alle lange unterdrückten Emotionen hochkommen.

*Und durch Achtsamkeit und Meditation können wir die Auswirkungen einer Krise mildern oder vielleicht frühzeitig wahrnehmen?*
Ja, unbedingt! Es ist verständlich: Wenn ich in einer schweren beruflichen Krise stecke, fehlt mir die Distanz, weil ich davon unmittelbar betroffen bin. Wenn ich aber etwas mehr Distanz hätte, könnte ich erstens leichter eine Lösung für das Problem finden, weil ich dann auch das große Ganze sehen kann. Zweitens könnte ich vielleicht auch erkennen, wozu das, was mir gerade passiert, eigentlich gut ist. Das ist eine völlige Umkehrung der Perspektive, die wir sonst haben. Die heißt nämlich normalerweise: »Krise ist Mist!« Aber Mist ist anders betrachtet Dünger.

*Dein Ansatz ist also, sich mit etwas Abstand zu fragen: »Wofür ist das eigentlich gut?«, statt dauernd zu nörgeln: »Warum passiert mir das?«*
Ja, ich denke, jeder hat diese Erfahrung schon mal gemacht, beruflich wie privat. In dem Moment, in dem man in der

Krise ist, kann man dieser nur wenig Gutes abgewinnen. Aber ein paar Jahre, oder manchmal auch nur ein paar Monate später, kann man zurückblicken und sagen: »Es war gut, dass mir das passiert ist. Das hat mir einen Schubs gegeben, der wichtig für mich war.« So ist es auch bei Unternehmenskrisen. Ich selbst habe ja auch eine gigantische Pleite hinter mich gebracht. In dem Moment ist es schwer, die nötige Distanz zu haben. Aber im Hinterkopf zu haben, dass irgendwann die Sinnhaftigkeit »aufpoppt«, hilft.

*Was ich als Problem erlebe, ist die Integration in den Alltag. Das erfordert doch sehr viel Disziplin. Hast du einen Tipp, wie man Achtsamkeit und Meditation besser im Alltag beibehält?*
Ich glaube, es liegt an der falschen Herangehensweise. Wenn ich mir sage: »Ich *muss* mich jetzt jeden Tag hinsetzen und meditieren«, ist das Ganze von vornherein zum Scheitern verurteilt. Du hast das Wort Disziplin schon genannt, und das ist ja für niemanden ein Lustwort. Disziplin ist kein angenehmer Antrieb, sondern eine lästige Pflicht. Besser sind die positiven Aspekte, die Meditation eindeutig bringt – und das ist jetzt nicht nur meine persönliche Meinung oder Erfahrung, sondern es gibt eine ganze Reihe von Studien, Untersuchungen und wissenschaftlichen Belegen, bis hin zu Hirnscans. Die Fülle der positiven Veränderungen, die durch Achtsamkeit entstehen, sind ein zehnmal besserer Antrieb.

# BEWUSSTE AUSZEITEN

Die alte Zen-Weisheit spricht mir aus der Seele: »Wenn du es eilig hast, gehe langsam!« Wie oft sagen mir Menschen, dass sie keine Zeit hätten für Meditation oder Reflexion. Meine Antwort darauf ist klar: Gerade in den Momenten, in denen wir das Gefühl haben, wir könnten uns keine Auszeit erlauben, müssen wir uns diese Auszeit dringend nehmen! Klingt paradox, ist aber meine erlebte Wahrheit seit nunmehr über fünfundzwanzig Jahren an der Spitze von Lattoflex. »Unser heutiges Leben ist in einem solchen Maße von Aktivität geprägt, dass für den passiven Teil, also das vermeintlich unnütze Nichtstun, wenig Raum bleibt. Um dieses Ungleichgewicht geht es letztlich überall«, findet auch Paul Kohtes. »Doch inzwischen machen es viele Firmen genau andersherum. Sie warten nicht, bis sie in einer Krise stecken und beschweren sich. Sie nutzen vielmehr Achtsamkeit und Meditation im Unternehmen, um Krisen zu vermeiden. Mit großem Erfolg! Und es ist nicht so, dass das so ein paar kleine Start-up-Buden sind, wo das vielleicht leicht geht, sondern richtig große Konzerne, die sich systematisch damit beschäftigen.«

Viel von unserem Erfolg der letzten Jahre verdanken wir der Reflexion gerade in schlechten Zeiten. So war es auch im Jahr 2001 nach meiner Rückkehr vom Schweigeseminar: Wir konnten uns gemeinsam aus der Krise befreien und neu durchstarten. Natürlich gelang dies nicht über Nacht. Wir mussten noch einige richtig schwierige Monate durchleben. Dass man nur einen Hebel umlegen muss und – schwupp! – die Welt und die Firma sind ein besserer Ort und sofort erfolgreich, das ist natürlich Wunschdenken. Das Leben ist schließlich keine Maschine, bei der man einfach nur die richtigen Knöpfe drücken muss und der Rest läuft automatisch. Man muss schon Energie und Herzblut reinstecken, wenn man etwas bewegen will. Was sich jedoch bei uns eingestellt hat, ist eine innere Kraft und Ruhe, vor allem wenn die Welt hektisch und laut wird. So können wir bewusst und klar unsere Entscheidungen auch in schwierigen Situationen fällen. Das ist das wahre Geschenk meiner »Kloster-Auszeit«. Durch diese mentale Erdung gelang es uns, den Umsatzverlust gemeinsam aufzuholen und stärker aus dieser Krise hervorzugehen, als wir jemals zuvor waren.

Seit mehr als fünfzehn Jahren planen mein Team und ich inzwischen bewusst Raum und Zeit bei wichtigen Entscheidungsprozessen ein. Für unsere Jahresplanung im Führungsteam ziehen wir uns beispielsweise für mehrere Tage an einen schönen Ort, etwa am Meer, zurück. Dort können wir ungestört und abseits des Tagesgeschäfts im Detail analysieren, wo wir derzeit stehen, wo es hakt und was die passende Lösung sein könnte. Tatsächlich diskutieren wir dabei am ersten Tag durchaus hitzig – um dann am nächsten Tag erneut und viel entspannter auf all die problematischen Themen zu schauen. Nicht selten finden wir dabei andere, manchmal sogar unkonventionelle Lösungswege, weil wir uns den Raum und die Zeit gönnen, in aller Ruhe die aktuellen und künftig denkbaren Probleme zu reflektieren.

Inzwischen ist die Idee von einer Auszeit zu einem Kulturbestandteil bei Lattoflex geworden. Es gibt hier niemanden mehr, der daran zweifelt, wie effektiv es sein kann, Abstand von den Problemen des Alltags zu gewinnen. Die Reflexion hat den Praxistest mit Bravour bestanden!

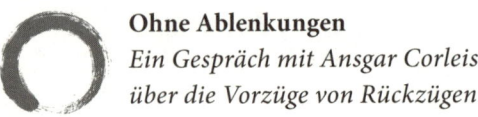

### Ohne Ablenkungen
*Ein Gespräch mit Ansgar Corleis*
*über die Vorzüge von Rückzügen*

Ansgar Corleis ist ein echter »Lattoflexer«. Seit über zehn Jahren ist er der verantwortliche Produktmanager und steuert die Produktentwicklung von der ersten Idee bis zur Auslieferung – und sogar darüber hinaus. Eine sehr komplexe und fordernde Aufgabe, denn ein Produktmanager sitzt ja immer zwischen allen Stühlen. Der Verkauf, die Fertigung, das Controlling – alle stellen Anforderungen an das Produkt und erwarten, dass diese selbstverständlich erfüllt werden. Daher steht Ansgar oft mitten in der tosenden Brandung. Seine Prioritätenlisten sind lang und ändern sich stündlich. Gerade zum Ende eines Projekts, also wenn es auf die Markteinführung zugeht, wird es immer extrem stressig und hektisch. Ansgar erzählte mir im Interview, wie ihm bewusster Rückzug und Abstand in stürmischen Zeiten helfen.

*Wie denkst du darüber, sich von Zeit zu Zeit zurück-*
*zuziehen und die eigenen Gedanken, E-Mails und*
*Projekte in Ruhe anzuschauen und zu ordnen?*
Da antworte ich mal mit einer Gegenfrage: Wie wertvoll ist eine ablenkungsfreie Minute? Diese Frage konnte ich erst beantworten, als ich es selbst erlebt habe. Das Spannende dabei war, dass sich die Dinge gefühlt wie von selbst ordnen, wenn man mal Zeit hat, darüber ohne Ablenkung

fokussiert nachzudenken. Eine praktische Sache ist dabei ein Ortswechsel. Also raus aus dem Arbeitsalltag.

*Hast du dafür einen Lieblingsort?*
Wenn du geografisch nach einem Ort fragst, dann sind es zwei. Der erste ist die Bibliothek der Jura-Studenten in Hamburg, also die Zentralbibliothek der Rechtswissenschaften. Hier begeistert mich besonders, dass man teilweise mit über hundert Menschen in einem Raum sitzt und doch jeder still und konzentriert arbeitet. Das ist für mich ein Umfeld der maximalen Fokussierung. Es hat etwas von einer Gruppendynamik – obwohl das Wort Dynamik hier eigentlich nicht passt. Im Prinzip ein Umfeld von Gehirnen, die unter Volllast arbeiten. Fast so etwas wie ein Fitnessstudio für den Kopf.

Der zweite Ort ist ein Gegenpol dazu, draußen in der Natur, wenn das Wetter es zulässt. Am Flüsschen Oste in Sittensen hinter einer alten Wassermühle. Na ja, es ist eher ein Bach als ein Fluss. Dort gibt es eine Bank mit Tisch, und sogar ein gutes Handynetz, um online zu sein. Das Besondere für mich ist das Wasser, das hier über viele Steine plätschert und so ein Grundrauschen erzeugt. Eine direkte Analogie zu meinen Gedanken, die ja auch im Fluss sind. Und eines ist sicher: Der Fluss hört nie auf zu fließen!

Neben den geografischen Orten sind es aber auch zwei unterschiedliche Tagesabläufe. Das eine ist die Großstadt, viele Menschen. Zur Bibliothek fahre ich meist mit der S-Bahn, gehe am Bahnhof in den riesigen Zeitschriftenladen und kaufe mir bewusst zwei Zeitschriften, die ich sonst nie lesen würde. Ich gehe in den Pausen, die ich einlege, manchmal in ein Café oder eine Bäckerei. Auch dort kann ich, mit Kopfhörern abgeschirmt, für ein oder zwei Stunden reflektieren wie in der Bibliothek. Neben der fokussierten Arbeit sind es auch die Eindrücke und Inputs von außen, die mich inspirieren. Der andere Tagesablauf am Fluss, ohne andere Menschen, nur mit der Natur, ist super für mich, wenn ich in bestimmte Gedanken so tief wie möglich eintauchen möchte.

*Wann wählst du diesen bewussten Rückzug?*
Ich versuche es eigentlich regelmäßig, aber ohne besondere Not zu tun. Die Praxis sieht aber oft anders aus. Irgendwann merke ich, dass es unbedingt mal wieder Zeit ist, mich zurückzuziehen. Wichtig ist, dass man eine Struktur hat, ein System, wie man schnell an diesen Rückzugsort kommt. Ich weiß also, wie ich dort hinkomme, wo ich parken kann und auch, wo die nächste Steckdose ist. Und wo man etwas zu Essen bekommt.

*Was ist das Ergebnis? Was ist danach anders?*
Danach ist mein Kopf wortwörtlich freier. Ich kann wieder klarer denken. Ich nutze diese Zeit im Prinzip nur dafür, um laufende Projekte oder anstehende Aufgaben zu strukturieren. Entweder werden Dinge erledigt oder an einen sicheren Ort, also auf eine To-do-Liste, in den Kalender oder Ähnliches gebracht. Das eröffnet mir die Möglichkeit, meinen Arbeitsspeicher, also meinen Kopf, wieder zu leeren und für Neues Platz zu schaffen.

# STILLE GEMEINSAME
# EINSTIMMUNG

Als ich eines Tages mit meinen Führungskräften über unsere Meetingkultur diskutierte, gab es zahlreiche Beschwerden über die Art und Weise, wie unsere Meetings bislang abliefen. Neben Themen wie mangelnde Pünktlichkeit oder Vorbereitung der Anwesenden, kritisierten einige, dass oftmals Mitarbeiter in letzter Sekunde den Meetingraum betraten und geistig offensichtlich noch ganz woanders waren, als die Besprechung begann. Das wirkte sich erheblich auf die Effektivität der Meetings aus. Aus diesem Grund beschlossen wir gemeinsam, ab sofort eine sogenannte Aufmerksamkeitsminute einzuführen. Das bedeutet, vor Beginn der eigentlichen Besprechung wird sechzig Sekunden lang geschwiegen. Der Organisator des Meetings startet und beendet diese Aufmerksamkeitsminute.

So hat jeder Teilnehmer Zeit, nicht nur körperlich, sondern auch mental im Raum anzukommen und sich bewusst zu werden, worum es in diesem Meeting gehen soll oder welches die Ziele der Besprechung sein könnten. Also eine Art gemeinschaftliche Einstimmung in der Stille. Im Grunde ist das nichts anderes als eine Mini-Reflexion. Jeder Teilnehmer kommt aus einer anderen Situation, ist in einer anderen Stimmung. Die kurze Phase können alle nutzen, um durchzuatmen, sich von ablenkenden Gedanken zu befreien und mit mehr Klarheit das Meeting zu starten.

Auch Paul Kohtes betont die Wichtigkeit der Frage im Team: »Wie können wir den Umgang miteinander achtsamer gestalten?« Er empfiehlt ebenfalls, Meetings mit einer kurzen Besinnung zu beginnen. »Einfach mal warten und auf das einstimmen, was jetzt gleich folgen wird. Ich weiß, dass solche Meetings viel effizienter, erfolgreicher und angenehmer sind als Meetings, in die alle einfach so hineinstolpern«, beschreibt er die Vorzüge.

Zugegeben, es war zu Beginn schon gewöhnungsbedürftig, schweigend in einer Gruppe zusammenzusitzen. Aber mit der Zeit wurde daraus ein Ritual, das heute in unserem Team niemand mehr missen möchte.

## Bevor es weitergeht

Sie haben viel über Stille und Reflexion sowie unseren Umgang und unsere Erfahrungen damit gelesen. Vielleicht sind Sie neugierig geworden und möchten nun gerne selbst erste Schritte in diese Richtung machen. Hier ein paar Gedanken und Anregungen, wie Sie mehr Stille, Nachdenklichkeit und Reflexion in Ihr Leben integrieren können.

Finden Sie Ihren persönlichen Rückzugsort. Es können natürlich auch mehrere Orte sein. Wichtig ist, dass Sie sich dort wohlfühlen, die Seele baumeln und Ihre Sorgen hinter sich lassen können. Etablieren Sie ein Ritual der Auszeit, damit Sie jederzeit einen Weg in die Reflexion finden können. Sie können meditieren – müssen aber nicht. Probieren Sie aus, was Sie erdet.

Wenn es Ihnen zu hektisch wird – gehen Sie auf Distanz! Hören Sie dabei auf Ihr Bauchgefühl: Sie wissen intuitiv, wann Sie etwas Abstand brauchen. Verlassen Sie das Firmengebäude, Ihren normalen Alltag, Ihre eingeübten Denk- und Verhaltensmuster. Brechen Sie mit Ihrem normalen Tagesablauf und verbringen Sie Zeit alleine und in Stille an Ihrem Lieblingsort.

Führen Sie einmal pro Woche für ein bis zwei Stunden einen Wochenrückblick ein – für sich allein oder im Team. Stellen Sie dabei fest, wo Sie stehen und wie sich Ihre Projekte entwickeln. Machen Sie diese Revision zu einem festen Bestandteil Ihrer Wochenplanung. So bleiben Sie aufmerksam und nehmen mögliche Stolpersteine oder Probleme früher wahr.

# 3

# PRÄSENZ

Der gegenwärtige Augenblick ist, wie er ist.
Immer.
Kannst du ihn zulassen?

*Eckhart Tolle*

# OHNE GEHEIMNISKRÄMEREI

Vor einigen Jahren verloren wir innerhalb weniger Monate völlig unerwartet einen unserer größten Kunden. Das stürzte unser Unternehmen zwar nicht in eine existenzielle Krise, wohl aber hatten wir plötzlich ein Loch in unserer Liquiditätsplanung für die nächsten zwölf Monate. Wir entwickelten Sparmaßnahmen, um die nächsten Monate über die Runden zu kommen, die Handlungsfähigkeit des Unternehmens sicherzustellen und langsam wieder ein Liquiditätspolster aufzubauen. Unter dem Strich mussten wir über eine Million Euro auf allen Ebenen regelrecht zusammenkratzen.

Ich überlegte lange hin und her, auf welche Art und Weise ich das Ganze bei der nächsten Mitarbeiterversammlung kommunizieren sollte. Im Grunde war mir klar, dass jeder spürte, dass die Lage nicht gerade rosig war. Aber ebenso wusste ich, dass mein Rettungsplan nur funktionieren konnte, wenn ich alle an Bord holen konnte. Alle würden mithelfen und zum Teil schmerzhafte Abstriche machen müssen, damit sich die Firma von diesem Rückschlag schnell wieder erholen konnte.

Daher entschied ich mich, sämtliche Zahlen, Daten und Fakten offenzulegen. Es gab keine Geheimnisse, selbst bei Informationen, von denen man eigentlich sagen würde, sie wären »der Geschäftsleitung vorbehalten«. So bekamen alle Mitarbeiter – völlig unabhängig von ihrer Position im Unternehmen – sämtliche Informationen an die Hand, die mir zur Verfügung standen, um zu meiner Entscheidung zu gelangen. Und es waren wirklich ein paar unangenehme Einschnitte dabei. Zum Beispiel sah der Rettungsplan vor, die Zahlung der Urlaubsgelder mehrere Monate nach hinten zu verschieben. Auch lange geplante Renovierungsmaßnahmen wurden erst mal ausgesetzt. Ich stellte völlig transparent dar, welche Handlungsoptionen wir derzeit hatten, um heil und vor allem ohne betriebsbedingte Kündigungen durch diesen Sturm zu kommen.

Nach meinen Schlussworten applaudierten die Anwesenden. Ich hatte ja mit fast allem gerechnet – aber nicht mit Applaus. Denn angesichts der Sachlage gab es keinen Grund für Jubel. Aber ich glaube, jeder im Raum spürte in dem Moment die Ernsthaftigkeit und fühlte sich bei der Entscheidung für den Rettungsplan involviert.

## Die Führungsspitze

Führungskräfte und Unternehmer fragen nach meinen Vorträgen oft, wie sie die Kultur innerhalb ihrer Teams und Firmen bessern können. Es sollte mittlerweile jedem klar sein, dass eine Unternehmenskultur nicht durch große Weihnachtsfeiern, üppige Prämien oder toll eingerichtete Büros positiv beeinflusst wird. Auch der obligatorische Kicker – *das* Symbol der modernen Start-up-Kultur – hat nur geringen Einfluss auf die Stimmung in einem Team.

All diese kleinen Annehmlichkeiten und Gimmicks sind zweifelsohne nett – mehr aber auch nicht. Entscheidend ist etwas ganz anderes.

In der Ausbildung von Führungskräften und in meinen Vorträgen betone ich diesen Punkt überdeutlich, und es ist erstaunlich, wie oft die Menschen diese einfache Tatsache immer wieder ignorieren oder übersehen: Das konkrete Verhalten von Führungskräften ist der entscheidende Faktor für die Bildung einer starken und auf Vertrauen basierenden Unternehmenskultur – nicht nur, aber vor allem in Krisen. Die Mitarbeiter entwickeln ein geradezu seismografisches Gespür, wenn eine Führungskraft falsch reagiert, zum Beispiel Mitarbeiter beschuldigt, keine klaren Entscheidungen fällt oder sich in ihrem Büro verkriecht.

Wenn Entscheidungen im Ungewissen gefällt werden müssen, wenn unklar ist, wohin die Reise überhaupt gehen soll – in solchen Momenten kann sich die volle Kraft von Führung entfalten. Oder sie versagt kläglich mit teils gravierenden Folgen, nicht nur für die Unternehmenskultur, sondern auch für die Zukunftsfähigkeit des Unternehmens. Aus diesem Grund ist Präsenz für mich ein essenzieller Bestandteil des Mindsets von Managern in der heutigen Zeit. Während des tosenden Sturms gehört der Kapitän auf die Brücke. Wenn die Mannschaft nervös wird, braucht sie das Gefühl, dass die Führung anwesend und ansprechbar ist.

Mein Vater vergleicht Unternehmen gerne mit einer Sportmannschaft. Jeder Spieler hat eine andere Aufgabe und seinen eigenen Charakter. Im Fußball beispielsweise muss einer das Tor hüten, der andere muss Tore schießen.

Wenn du dein Leben so intensiv und vollständig
leben möchtest, wie es geht,
dann sei dort, wo es stattfindet:
Im Hier und Jetzt!

*Doris Kirch*

Im Unternehmen treffen ebenfalls die unterschiedlichsten Mentalitäten aufeinander und müssen dennoch an einem Strang ziehen – jeder in seiner Funktion, sei es im Marketing, im Controlling oder in der Produktion. »Die Kunst besteht für einen Trainer – beziehungsweise einen Unternehmer – darin, die Menschen so zusammenzubringen, dass sie auf ein ganz bestimmtes Ziel ausgerichtet zusammenzuarbeiten und sich gegenseitig helfen, unterstützen und motivieren, auch wenn mal etwas schiefgeht«, so beschreibt er in seinen Worten die Aufgaben einer Führungsperson. Dafür seien Menschenkenntnis und Feinfühligkeit unabdingbar. »Menschen machen Märkte, und keine Systeme«, pflegt mein Vater auch zu sagen. Sich mutig an die Spitze zu stellen und mit dem Team eine Krise gemeinsam durchzustehen, beeinflusst die Unternehmenskultur und das Gemeinschaftsgefühl nachhaltig.

## Offenheit und Nähe

Doch warum fällt es uns häufig so schwer, Präsenz zu zeigen und nahbar zu sein – als Mensch mit all seinen Schwächen und Fehlern? Viele Menschen neigen dazu, in Krisensituationen eher den Kopf einzuziehen und im wahrsten Sinne des Wortes »in Deckung zu gehen«. So gibt es durchaus Führungskräfte, die sich im Konfliktfall in ihr Büro zurückziehen, kaum noch auf den Gängen anzutreffen und damit unnahbar sind sowie höchstens noch per E-Mail oder distanzierter Telefonkonferenz kommunizieren.

Diesen Fluchtimpuls kenne ich – doch gerade als Führungskraft darf man ihm nicht nachgeben! Der amerikanische Coach und NLP-Trainer Tony Robbins sagte einmal in einem Workshop, an dem ich teilnahm: »Wir Menschen haben nur zwei Ängste: nicht geliebt zu werden und nicht genug zu sein.« Dies gilt natürlich ebenso für Führungskräfte. Natürlich wollen wir, dass man uns mag. Aber wenn das Unternehmen gerade in einer veritablen Krise steckt, ist die Wahrscheinlichkeit, sich unbeliebt zu machen oder jemanden zu verärgern, naturgemäß recht hoch. Daher wollen wir es lieber vermeiden.

Dabei ist genau das Gegenteil die große Chance! Sich zu zeigen gibt Menschen Stabilität und Hoffnung. Es bewirkt, dass die Emotionen gar nicht erst hochkochen, weil Sorgen und Ängste besprechbar werden, sobald ein Gesprächspartner anwesend und nahbar ist. Alle Beteiligten entspannen sich zusehends, wenn die Führung bereit ist, Flagge zu zeigen und Offenheit zu praktizieren. »Sich zurückzuziehen und zu hoffen, dass es besser wird, ist eine Katastrophe«, findet auch Dieter Tost, unser Verkaufsleiter D-A-CH. »Damit gebe ich das Heft des Handelns komplett aus der Hand. Das Gegenteil ist richtig. Wenn ich ahne und spüre, da könnte etwas auf mich zukommen, muss ich bereits darauf zugehen. Abwarten und Tee trinken ist in den seltensten Fällen gut.«

Am Ende ist nicht entscheidend, ob die Neuigkeiten angenehm oder unangenehm sind. Entscheidend ist eher die Quelle, aus der wir zu den Menschen sprechen. Ich glaube, dass unsere Beliebtheit und das Vertrauen in uns extrem steigt, wenn wir als Führungskräfte den Mut aufbringen, uns im Konfliktfall zu zeigen – als Mensch mit Fehlern und Sorgen. Authentisch, nicht aufgesetzt. Natürlich ist es unangenehm, vor die Mitarbeiter treten und zugeben zu müssen: »Das ist nicht so gelaufen wie geplant. Wir haben hier ein massives Problem. Wir werden es lösen, aber das erfordert ein paar unangenehme Schritte.« Das macht wahrlich keinen Spaß und ist ähnlich schlimm wie beispielsweise ein Kündigungsgespräch. Aus Erfahrung weiß ich aber: Wenn wir unserem ersten Impuls, der uns zum Rückzug bewegen will, widerstehen und genau das Gegenteil davon tun, nämlich uns der bitteren Wahrheit offen und ehrlich zu stellen, können wir einen großen Beitrag dazu leisten, Krisen schneller durchzustehen. Mehr noch: Wir können die Krise sogar nutzen, um langfristig Vertrauen und Offenheit in der Unternehmenskultur aufzubauen.

## OFFENE KRISENKOMMUNIKATION

Ich habe es über all die Jahre immer wieder erlebt: Bei der Kommunikation in Krisensituationen spielen zwei Ebenen eine entscheidende Rolle. Auf der sachlichen Ebene sollten die Mitarbeiter sehen, dass die Geschäftsleitung oder das Management nichts zurückhält, dass also nicht getrickst wird. Noch viel wichtiger ist aber das, was bei den Leuten auf emotionaler Ebene ankommt.

Fühlen die Menschen, dass die Führungskraft oder der Unternehmer offen und authentisch kommuniziert? Spüren sie, dass man es ernst meint?

Ich verzichte daher in Krisensitzungen generell auf Powerpoint-Präsentationen und Ähnliches, weil ich der Ansicht bin, dass technische Hilfsmittel eine Form von Distanz erzeugen. Diese vermeintliche Kleinigkeit hat einen großen Nutzen, denn sie hilft bei der Kommunikation meiner Erfahrung nach enorm. Als einzige visuelle Stütze nutze ich ein Flipchart, auf dem ich beispielsweise wichtige Zahlen oder Entscheidungen notiere. So bin ich im wahrsten Sinne des Wortes näher dran an meinem Team, weil wir viel leichter miteinander diskutieren können, als wenn ich vorne stehe und mit Blick auf die nächste Präsentationsfolie doziere und sich keiner traut, mich zu unterbrechen.

Wenn ich wirklich und wahrhaftig vor meinem Team stehe – nahbar und offen –, versuche ich intensiv wahrzunehmen, was gerade los ist. Ich möchte die Stimmung der Einzelnen erspüren: Wie sind die Anwesenden heute drauf? Während ich frei rede, ohne technische Unterstützung, erreiche ich meine Mitmenschen auf emotionaler Ebene. Nach meiner Erfahrung sind die Menschen dankbar für eine solche Nahbarkeit, und die gesamte Atmosphäre im Raum verändert sich, wenn man es wirklich wagt, sich »schutzlos« vor die Gruppe zu stellen. Im Gegenzug wird sich die Vertrauensbasis verstärken und eine offene und ehrliche Kommunikation wird immer mehr zur Routine.

# EINLADUNG
## ZUR KOMMUNIKATION

Vor einiger Zeit provozierte einer unserer Abteilungsleiter in Meetings regelmäßig Streit und verließ sogar mehrmals wutschnaubend den Raum, bevor die Meinungsverschiedenheiten geklärt werden konnten. Auch im Alltagsgeschäft schottete er sich ab, in seinem Posteingang stapelten sich die Anfragen von Kollegen, Lieferanten und Kunden. Kein Kollege traute sich, ihn direkt darauf anzusprechen. Niemand verstand so richtig, was los war und wo das eigentliche Problem lag. Sie waren mit ihrem Latein am Ende.

Mir war diese potenziell heikle Situation nicht entgangen, doch ich beschloss, nicht sofort vermittelnd oder mahnend einzugreifen. Ich wollte den Beteiligten die Gelegenheit geben, das Problem selbst in den Griff zu kriegen. Doch nach einiger Zeit schien die Situation von meiner Warte aus betrachtet festgefahren zu sein. Es besserte sich rein gar nichts, im Gegenteil. Um einer weiteren Eskalation vorzubeugen, schaltete ich mich schließlich ein.

Ich bat den gestressten Abteilungsleiter um ein Gespräch unter vier Augen. »Die gegenwärtige Situation macht mir Sorgen. Wie siehst du das? Also, ich habe schon einige schlaflose Nächte deswegen gehabt«, öffnete ich den Raum für einen ehrlichen Umgang miteinander. Nachdem das Eis gebrochen war, erzählte er mir ohne Beschönigung, wie sehr ihn die gegenwärtige Lage stresste und dass er manchmal nicht mehr wusste, was er zuerst und was zuletzt tun sollte. Er fühle sich überfordert und habe Angst, Fehler zu machen. Daher tat er lieber nichts – oder er schlug verbal um sich. Schnell wurde klar, dass er sich selbst unglaublich unter Druck setzte und dieses Problem auch mit nach Hause nahm, was den Stress nicht gerade verminderte. Auch unser internes Verhältnis kam dabei zur Sprache: Wir redeten über Situationen, in denen er das Gefühl hatte, ich würde ihn nicht genügend unterstützen. Wir unterhielten uns lange über seine Ängste und Sorgen, gingen den Ursprüngen etwas genauer auf den Grund. Doch ich schlug weder konkrete Maßnahmen vor noch versuchte ich vorschnell zu einer Lösung zu kommen. Es ist manchmal eben sehr wichtig, in die Tiefe zu schauen und allem, was dort ist, seinen Raum zu geben. Es geht dabei nicht darum, wer wen am besten kritisieren kann, sondern um das bloße Aussprechen und Anerkennen verschiedener Sichtweisen: »Stimmt, da hast du wirklich recht. Das habe ich so nicht gesehen.«

Allein dieses ehrliche und offene Gespräch, in dem wir vertrauensvoll über die Dinge sprachen, die uns wirklich bewegten, setzte spürbar etwas in Bewegung. Unmittelbar danach entspannte sich die Lage bereits merklich. Die Atmosphäre war gereinigt – wie die Luft nach einem heftigen Gewitter. Zwischen dem Abteilungsleiter und mir entwickelte sich eine Art Vertrauensband, was dazu führte, dass wir künftig viel schneller miteinander ins Gespräch kamen, lange bevor sich eine Situation verschärfen konnte. Auch die Mitarbeiter waren in den nächsten Wochen viel präsenter und ruhiger. Im Laufe der nächsten Wochen wurde an den Arbeitsabläufen in der betreffenden Abteilung gefeilt und die gemeinsam beschlossenen Veränderungen wurden schrittweise eingeleitet.

Das zeigt wieder einmal deutlich: Einfach ein Organigramm oder eine Stellenbeschreibung umzuformulieren löst das zugrunde liegende Problem selten vollständig oder gar nachhaltig. Es bedarf immer der Beachtung der emotionalen Ebene. Wenn wir uns als Menschen begegnen und den Mut haben, offen und ehrlich über unsere Sorgen und Nöte zu sprechen, können wir eine tiefgreifende Veränderung und ein größeres gegenseitiges Verständnis bewirken.

Achtsam mit seinen Kollegen und Mitarbeitern umzugehen bedeutet, sich selbst nicht so wichtig zu nehmen. Je mehr es uns gelingt, unser Ego zu zügeln und nicht verbissen auf unserem Standpunkt zu verharren, desto mehr können wir uns dem öffnen, was gerade passiert. Speziell in Krisenzeiten ist dies eine der zentralen Fähigkeiten in der Führung: Wir müssen aufmerksam zuhören und genau mitbekommen, was tagtäglich in unserem Unternehmen passiert. »Ich habe die Menschen nicht gesehen, ich habe ihre Bedürfnisse nicht gesehen. Ich habe nicht gesehen, was diese Menschen brauchen, um tatsächlich eine gute Gemeinschaft zu bilden. Das war eine Fehlinterpretation«, gibt auch Bodo Janssen selbstkritisch zu. »Ich hatte das Gefühl, es ginge darum, das Unternehmen erfolgreicher zu machen und Gewinne zu erzielen. Erst viel später wurde mir klar: Ein wesentlicher Teil der Führung oder Ziel der Führung ist es, eine tolle Gemeinschaft zu haben und lebende Beziehungen zu pflegen.«

## Respektvoller Umgang

Über die Jahre habe ich ein gewisses Gespür dafür entwickelt, wann es wirklich brenzlig zu werden droht und meine Präsenz als Führungskraft gefragt ist, um eine Lösung herbeizuführen. Ich finde, Manager ebenso wie Mitarbeiter sollten den Freiraum bekommen, schwierige Situationen erst mal selbst zu bewältigen. Daher warte ich zunächst eine Weile ab. Zugegeben, ich liege damit nicht jedes Mal richtig – aber man erkennt natürlich immer erst im Nachhinein, dass ein früheres Eingreifen womöglich die Situation eher entspannt hätte. Aber mit solchen Fehleinschätzungen müssen wir ebenso umgehen lernen wie mit Krisen an sich.

Auf Krisen reagieren wir naturgemäß emotional. Wir sind überrascht, fühlen uns überrumpelt, wenn nicht sogar ohnmächtig. Wir stolpern geradezu in diese völlig ungeplante Situation und haben keine Ahnung, wie es jetzt weitergehen soll. Die perfekte Ausgangslage für Kurzschlussreaktionen, wie etwa einen Sündenbock suchen, zum HB-Männchen mutieren oder anderweitig total überreagieren. Es ist essenziell, dass Führungskräfte sich dieses Mechanismus bewusst sind. Auch mich treffen Krisen oftmals total unvorbereitet und ich reagiere daher zunächst emotional – aber wenn möglich tue ich das im stillen Kämmerlein. Ich habe mir angewöhnt, erst dann auf meine Mitarbeiter zuzugehen, wenn ich spüre, dass ich wieder einigermaßen ruhig bin, und Gelegenheit hatte, mir ein paar grundlegende Gedanken zur aktuellen Krisensituation zu machen. Nur so kann ich offen und innerlich gefestigt auf mein Team zugehen und wir können gemeinsam besprechen, was jetzt zu tun ist.

Wie heißt es so schön: »Wer andere führen will, muss erst sich selbst führen können.« Ich finde das richtig und wichtig. Wir sind eingeladen, uns mit uns selbst auseinanderzusetzen, unsere Persönlichkeit kennenzulernen und zu entwickeln. Deshalb wünsche ich mir von meinen Führungskräften ein Höchstmaß an Selbstreflexion. Und wie wir in Kapitel 2 gesehen haben, gibt es viele Möglichkeiten, den Prozess der Reflexion und der Selbstführung auch in ruhigen Zeiten anzustoßen.

## Der wahre Beweggrund

Mein Vater bringt es auf den Punkt, wenn er sagt: »Als Führungskraft muss man ein Gefühl für die gruppendynamische Prozesse haben, wie in einer Mannschaft. Man hat eine Leistungsgruppe, in der alles super läuft, aber wenn nur ein neues Teammitglied hinzukommt, verändert sich unter Umständen der gruppendynamische Prozess. Dann steht man da und fragt sich: ›Was ist denn jetzt bloß los? Die anderen haben sich doch eigentlich nicht verändert.‹ Aber es gibt durchaus ein paar Dinge, die dort zusammenspielen. Man hat schließlich mit Menschen zu tun, ich glaube, das vergessen viele.«

Gerade in schwierigen Zeiten sind der Stress und der Druck in einem Team riesig. Menschen reagieren höchst unterschiedlich und sehr oft irrational, wenn sie sich in die

Ecke gedrängt fühlen oder hilflos sind, weil sie nicht wissen, wie sie eine Situation klären oder ein Problem lösen sollen. Dann greift eine Art »Notfallprogramm«. Sobald wir uns bedroht fühlen, reagieren wir mit Angriff, Flucht oder Erstarrung. Alle drei Reaktionen habe ich immer wieder in meinem Team beobachten können: Da schlägt ein Kollege scheinbar grundlos verbal um sich, ein anderer erfindet Ausreden, um sich vor unangenehmen Gesprächen zu drücken, und ein weiterer geht komplett auf Tauchstation. Die Verhaltensweisen unserer Mitmenschen in Stresssituationen können uns wiederum dazu verführen, ebenso irrational zu reagieren. Oder wir versuchen, eine zutiefst emotionale und irrationale Reaktion rational zu lösen. In beiden Fällen drehen wir uns fröhlich im Kreis, finden weder zueinander noch zu einer Lösung.

Die Quelle unseres gezeigten Verhaltens ist immer die innere Einstellung. Wenn ein Manager beispielsweise felsenfest davon überzeugt ist, er könne niemals irgendeinem Kollegen oder Mitarbeiter vertrauen, folgt daraus automatisch ein bestimmtes Verhalten: Er wird seine Kollegen und sein Team immer auf Abstand halten und das Bedürfnis haben, alles doppelt und dreifach zu kontrollieren, weil er sich auf niemanden hundertprozentig verlassen kann. Einem solchen Manager per Dienstanweisung »mehr Vertrauen« zu verordnen, ist logischerweise völlig sinnlos. Er kann nicht so einfach aus seiner Haut. Wenn wir uns stattdessen fragen, was sich hinter der Kontrollwut – oder jedem anderen gezeigten Verhalten – verbirgt, woher dieses Muster ursprünglich kommt, stoßen wir in der Regel auf frühere Erfahrungen. Wir sammeln unser Leben lang viele Eindrücke, bei jedem Erlebnis. Viele Erfahrungen sind nicht prägend für unsere weitere Entwicklung, aber einige sind ausschlaggebend und wirken sich sogar noch Jahrzehnte später auf unsere Denk- und Verhaltensweisen aus. Vor allem wenn es sich um schmerzhafte oder traumatische Erfahrungen handelt.

Im Führungskreis von Lattoflex fragen wir uns deshalb stets: »Aus welcher Quelle speist sich das gezeigte Verhalten?« Darauf gibt es sehr unterschiedliche Antworten (mehr dazu in Kapitel 6). Beispielsweise dass man sich klein und nicht gesehen fühlt, dass man sich alleingelassen vorkommt, dass man Angst hat zu versagen, dass man die Sorge in sich trägt, es könnte alles noch viel schlimmer werden, und vieles andere mehr. Nachdem wir die Quelle identifiziert haben, folgt die Überlegung: »Was braucht diese Person jetzt, da wir wissen, welche Ursache hinter ihrem irrationalen Verhalten steckt, um sich wieder zu entspannen?« Natürlich sind wir alle keine Hellseher. Doch schon allein der veränderte Blickwinkel, der uns dazu bringt, uns in die andere Person hineinzuversetzen, ist hilfreich, weil wir viel tiefer nach Beweggründen für ein gezeigtes Verhalten und nach möglichen Hilfestellungen suchen. Und meiner Erfahrung nach verlaufen Gespräche, die dann mit dem Betreffenden stattfinden, häufig auf einer ganz anderen Ebene und führen zu völlig anderen Lösungen als oberflächliche Diskussionen oder gar Streitgespräche. Wir ersparen uns auf diese Weise unendlich viel sinnlose Kommunikation, die ohnehin niemals zur wahren Quelle vordringt.

# EINLADUNG
## ZUR TRANSFORMATION

Allmählich wird klar, warum es in Unternehmen gerade in Krisenzeiten zu Konflikten kommen kann, die teilweise nur schwer zu verstehen, geschweige denn zu lösen sind, oder?

Jeder Mensch trägt auf seiner Lebensreise seine vergangenen Erfahrungen wie einen Rucksack mit sich herum. Völlig unterschiedliche Erlebnisse und daraus resultierende Einstellungen treffen dann in einer Extremsituation aufeinander und es ist kein Wunder, dass nicht alles glattläuft in diesem wilden Mix aus Emotionen, Ängsten und Sorgen. Wer in diesem Durcheinander versucht, das Problem auf rein rationaler Ebene zu lösen und die Wogen zu glätten, wird kläglich scheitern.

Wenn es uns nicht gelingt, die negativen Erfahrungen eines Menschen durch lebendige, positive Erfahrungen zu ersetzen, kann die Vergangenheit jedes Teammitglieds auf Dauer zu einer schweren Belastung der Gegenwart und der Zukunft werden. Hierbei kann eine präsente Führungskraft in einer vertrauensvollen Unternehmenskultur helfen. Menschen kommen neu in unser Team und bringen all ihre Erfahrungen aus früheren Beziehungen – egal ob privat oder beruflich – mit.

Es ist unsere Aufgabe in der Führung, die Wirkung von negativen Erlebnissen der Vergangenheit, vielleicht in einem vorherigen Unternehmen, zunehmend kleiner werden zu lassen, damit diese Erfahrungen nicht unsere Zusammenarbeit stören.

Wie können wir das schaffen? Letztlich müssen wir bei den Erfahrungen ansetzen und bei der Bereitschaft, Neues zu erleben. Wir können als Führungskräfte unseren Mitarbeitern logischerweise keine neuen Denk- und Verhaltensweisen aufdrücken. Wir können nur vorleben, wie wir uns ein Miteinander vorstellen, und mit gutem Beispiel vorangehen. Wir laden somit andere dazu ein, neue Erfahrungen zu machen. Es ist eine Einladung, zum Beispiel anderen mehr zu vertrauen oder sich mehr zu öffnen. Doch dazu müssen wir Führungskräfte uns erst mal selbst öffnen und zeigen. Ansonsten verpufft eine solche Einladung wirkungslos.

Ob die anderen unsere Einladung annehmen, bleibt ihnen überlassen. Es ist ihre freiwillige Entscheidung. Ich versuche in meinem Führungsteam immer wieder klarzustellen, dass es oftmals vieler Einladungen bedarf, bis jemand bereit ist, sich auf Neues einzulassen. Zu groß ist oftmals das Misstrauen aufgrund schlechter Vorerfahrungen, sei es in der Schule, in bisherigen Geschäftsbeziehungen oder im privaten Umfeld. Schmerzhaft mussten die Menschen erleben, wie vermeintlich Vertraute in einer Krise falsch reagierten, und sie haben sich daher geschworen, in Zukunft auf der Hut zu sein.

Diesen inneren Widerstand aufzulösen, erfordert die Präsenz der Führungskraft. Denn auch wenn die Führungskraft »nur« eine Einladung ausspricht, ist es unend-

Dieser eine Augenblick – das Jetzt –
ist das Einzige, dem du nicht entrinnen kannst,
die einzige Konstante im Leben.
Was auch geschehen mag,
wie sehr sich das Leben auch verändert,
eins ist gewiss:
Es ist immer jetzt.

*Eckhart Tolle*

lich wichtig, dass hinter dieser Einladung immer der Mensch zu sehen ist. Dies ist die Basis und gleichzeitig die Brücke, über die der Mitarbeiter in eine neue Erfahrung gehen kann.

Tiefgreifende Veränderungen erfolgen niemals umgehend. Am Anfang wird die Skepsis überwiegen und die Mitarbeiter werden sich fragen, ob dieses neue Führungsverhalten nachhaltig ist, das heißt, ob es auch die nächsten Krisen überdauern und sich auch im Tagesgeschäft manifestieren wird, oder ob es nur eine vergängliche Modeerscheinung ist. Bleibt das Verhalten einer Führungskraft konstant, wächst die Sicherheit – und damit auch das Vertrauen seitens des Teams (mehr dazu in Kapitel 4).

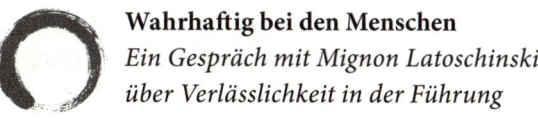

## Wahrhaftig bei den Menschen
*Ein Gespräch mit Mignon Latoschinski*
*über Verlässlichkeit in der Führung*

Mignon Latoschinski, Marketingleiterin bei Lattoflex, ist ein »Neuzugang«, sie ist erst seit knapp zwei Jahren im Team. Für unsere Verhältnisse eine recht kurze Zeit, wenn man bedenkt, dass die meisten ihrer Kollegen »Urgesteine« sind, also zum Teil bereits seit Jahrzehnten hier arbeiten. Da sie sich vorher im Bereich Onlinemarketing und E-Commerce getummelt hat, sind ihre Erfahrungen und ihr frischer Blick auf unsere traditionellen Geschäftsmodelle extrem bereichernd. Als Führungskraft schätze ich bei Mignon vor allen Dingen ihre enorme Offenheit, ihre Bereitschaft, sich selbst immer wieder infrage zu stellen, und ihre Lust, neue Wege zu wagen, selbst wenn am Anfang nicht ganz klar ist, wohin dieser Weg wohl führen mag.

Die Digitalisierung stellt eine neue Herausforderung dar, wie wir uns in Zukunft erfolgreich am Markt behaupten können. Deshalb ist es die Aufgabe aller Führungskräfte, unsere Mitarbeiter jeden Tag zu motivieren, mutig in diese neuen, unbekannten Sphären vorzudringen. Gerade in dieser enormen Umbruchphase, während dieser großen Transformation, hat sie sich als ein wahrer Fels in der Brandung erwiesen. Es ist bestimmt nicht ganz leicht, in einem Traditionsunternehmen wie unserem neues Denken und Handeln zu initiieren. Obwohl ich schon glaube, dass es eine der größten Stärken unseres gesamten Teams ist, jeden Menschen mit seinen Stärken und Schwächen mit offenen Armen aufzunehmen und in der Unterschiedlichkeit eine Quelle der Kraft zu sehen.

*Unser Unternehmen verändert sich gerade massiv, weil unser gesamter Markt im Umbruch ist. Wie ist deine Sicht auf die Dinge? Wie sind deine Erfahrungen? Was sind deine Herausforderungen?*
Dieser Umbruch, den wir ebenso wie unzählige andere Unternehmen gerade durchmachen – die einen mehr, die anderen weniger erfolgreich –, ist wichtig. Er ist zukunftsweisend und man hat auch gar keine andere Chance, als diesen Weg zu gehen.

Allerdings ist es für ein Unternehmen wie das unsere in meinen Augen besonders schwer, weil wir eine so lange und erfolgreiche Tradition haben. Die Tatsache, dass »der Papa bereits hier gearbeitet hat«, »das schon immer so funktioniert hat« und »das hier immer so war«, zeigt schon ein bisschen, dass diese Art von Veränderung den meisten hier nicht unbedingt in den Genen liegt. Genau das ist meine tägliche Herausforderung: die Menschen auf neue Herangehensweisen hinzuweisen und neugierig zu machen.

*Wie siehst du deine Aufgabe als Führungskraft in Zeiten der Veränderung?*
Ganz viele haben Angst vor einer Veränderung. Auch wenn Sicherheit in dieser Welt nur eine Illusion ist. Da muss ich als Führungskraft Hilfestellung und Rückendeckung geben, Ruhe und Zuversicht ausstrahlen.

*Was machst du, wenn du merkst, dass jemand Angst
vor Veränderung hat. Wie nimmst du diese Person
mit? Wie geht das am besten?*
Ich glaube, es kommt auf die jeweilige Person an. Darauf
muss man als Führungskraft eingehen können. Deshalb
ist Präsenz so unendlich wichtig. Wir müssen nahbar und
ansprechbar sein und wirklich spüren, was gerade jetzt – in
diesem Augenblick – bei den Leuten Sache ist.

Manche Menschen müssen gemeinsam mit der Führungskraft das Worst-Case-Szenario besprechen, um dann
für sich selbst festzustellen: »Okay, wenn das das Schlimmste ist, dann kann man das ja noch irgendwie kontrollieren.«
So erlangen sie ein Stück weit die Kontrolle über ihre Situation zurück. Andere orientieren sich voll und ganz an der
Führungskraft und ihrem Verhalten und möchten in ihr
die nötige Sicherheit und Zuversicht spüren.

*Die Führung ist also der ruhende Pol, der den
Menschen Sicherheit bietet, gerade wenn in Krisenzeiten die Nerven blank liegen und es womöglich
Streit gibt im Team?*
Genau. Entscheidend ist dabei, dass wir Menschen alle
unterschiedlich ticken. Dem einen fällt es leichter, sich in
die Gedanken und Gefühle anderer hineinzuversetzen,
dem anderen etwas schwerer. Ich denke, für Führungskräfte ist es in dem Fall ganz wichtig, den Menschen zu
vermitteln, warum der andere gerade so tickt. Vor allem
wenn es irgendwie eskaliert. Ich glaube, es ist enorm wichtig, dass man die Menschen da abholt, wo sie gerade sind.

In ihrer Unterschiedlichkeit. Dafür müssen wir uns aber öffnen und ganz im Hier und Jetzt sein.

*Wenn du die Wirtschaft im Allgemeinen betrachtest,*
*gibt es von deiner Seite so etwas wie einen Wunsch*
*oder eine Idee? Was müsste sich deiner Meinung nach*
*ändern?*
Das ist sehr schwer zu sagen. Was mir aber unendlich fehlt, ist Wahrhaftigkeit. Und der Mut loszulassen, einfach wahrzunehmen, was gerade passiert, und sich dem hinzugeben. Wenn ich loslasse und mich vom Wirbelsturm des Lebens treiben lasse, an nichts krampfhaft festhalte und dabei vollkommen präsent und wirklich da bin, dann kann sich die Welt nach vorne bewegen – und die Menschen in ihr auch.

## Bevor es weitergeht

Um Präsenz zu zeigen, müssen wir bereit sein, unseren Mitmenschen als Mensch gegenüberzutreten, mit all unseren Mängeln und Fehlern. Wir müssen den Mut haben, uns zu öffnen, gerade in den Momenten, in denen wir uns lieber verschließen oder verkriechen würden, weil wir Angst haben und selbst die Antwort auf wichtige Fragen nicht kennen. Indem wir auch in ruhigen Zeiten mit gutem Beispiel vorangehen, können wir eine solide Kommunikationsbasis schaffen.

Beobachten Sie sich selbst: Gibt es Situationen, in denen Sie sich zurückziehen? Was zeichnet diese Momente aus? Welche Gefühle lösen diese Situationen in Ihnen aus? Nehmen Sie sich vor, beim nächsten Mal bewusst zu versuchen, präsenter und nahbarer zu sein.

Denken Sie einen Augenblick an Mitarbeiter, die Sie – aus welchen Gründen auch immer – für »schwierig« halten. Versuchen Sie sich in diese Personen einzufühlen, ihre Situation mal aus deren Perspektive zu betrachten. Stellen Sie sich anschließend die zwei wesentlichen Fragen: »Aus welcher Quelle handelt diese Person wirklich?« und »Was braucht diese Person jetzt?«

Überlegen Sie in einem ruhigen Moment, was Ihnen in Ihrem Team oder in Ihrem Unternehmen fehlt. Wie könnten Sie die Transformation wahrscheinlicher machen? Was könnten Sie tun, um den Menschen eine Einladung auszusprechen, dieses fehlende Element neu zu entdecken oder auszubauen, sei es Vertrauen, Mut für neue Ideen oder mehr Teamgeist?

# 4

# VERTRAUEN

Ein Team ist nicht eine Gruppe von
Menschen, die zusammen arbeiten.
Ein Team ist eine Gruppe von Menschen,
die einander vertrauen.

*Simon Sinek*

# SCHWARZMALEREI

Vor einigen Jahren wurde unser Unternehmen von einer Reklamationswelle erschüttert: Der Schaum unserer Matratzen bildete schon nach kurzer Nutzungszeit eine merkliche Kuhle. Wieder etwas, das nicht so funktionierte, wie es sollte! Auch wenn die Reklamationsquote nicht immens hoch war – sie blieb im einstelligen Bereich –, war es emotional für viele Kunden eine schwere Zeit. Und nicht nur für sie. Unsere Verkaufsmannschaft war entsprechend »angefressen«. Kein Wunder also, dass die dazugehörige Krisenbesprechung emotional aufgeladen war. Aber dass die Stimmung an dem Tag beinahe zu kippen drohte, erstaunte mich. Ich versuchte zu verstehen, warum einige der Anwesenden so heftig reagierten. Zugegeben, die aktuelle Lage war zwar ärgerlich, jedoch nicht existenzgefährdend. Nicht einmal annähernd. Trotzdem kochte die Stimmung unaufhaltsam hoch. Auch wenn es dafür in meinen Augen keinen rationalen Grund gab.

In einer solchen gefühlsgeladenen Situation ist es meiner Erfahrung nach wichtig und hilfreich, genau wahrzunehmen, was jetzt notwendig ist. So saß sich vor meiner teils zutiefst schockierten Mannschaft und versuchte in mir selbst erst mal wieder einen ruhigen Pol zu finden. Ich besann mich darauf, mich nicht von dieser Woge aus negativen Emotionen mitreißen zu lassen. Als ich die Lage einigermaßen nüchtern betrachten und mich in meine Leute hineinversetzen konnte, wurde mir schnell klar, dass der springende Punkt hier ein zutiefst erschüttertes Vertrauen sein musste. Offenbar hatten viele Angst davor, ja, es war eine regelrechte Panik, dass diese Beschwerdewelle uns gnadenlos hinwegspülen würde wie ein Tsunami. Schluss, aus, vorbei. Das Team hatte das Vertrauen in die Zukunft, in unsere Produkte und zudem seine Zuversicht verloren, immer die bestmögliche Qualität liefern zu können.

Wie konnte ich in dieser Situation wieder Vertrauen in uns und unsere Zukunft herstellen? Sicher nicht mit Beschwichtigungen und einem Blick durch die rosarote Brille – das ist erfahrungsgemäß nie zielführend. In einer solchen Situation so zu tun, als gäbe es gar kein Problem, gießt nur Öl ins Feuer und die Führungskraft läuft Gefahr, dass die eigenen Leute sich nicht wahrgenommen, nicht gehört fühlen und sich noch stärker abwenden.

Der erste Schritt war für mich damals – und ist es bis heute in vergleichbaren Situationen –, schonungslos, aber auch ohne übermäßige Dramatisierung die aktuelle Lage in klare Worte zu fassen. »Ja, wir haben ein Problem. Es stimmt, dass dieses Problem total ärgerlich ist. Mir scheint, dass es viele von euch wütend macht oder frustriert, dass uns das passiert ist. Und dazu habt ihr jedes Recht«, eröffnete ich den Dialog über die allgemeine Stimmung. Eine möglichst wertfreie Anerkennung der jeweiligen Gemütslage erschafft meiner Erfahrung nach am besten Raum für eine konstruktivere Kommunikation. Ohne diesen Schritt sind die Menschen oftmals nicht bereit, eine andere Sichtweise in Betracht zu ziehen, sie beharren vielmehr auf ihrem Standpunkt. Auf diese Weise würden wir uns, so meine Hoffnung, bald von der emotionalen Ebene lösen und Lösungen für das aktuelle Qualitätsproblem finden können. Doch bevor es so weit war, musste ich mich um das zweite, tieferliegende Problem kümmern: den Vertrauensverlust. Es spielte keine Rolle, ob ich persönlich ebenso empfand wie mein Team oder ob ich die Reaktion der Situation als »angemessen« empfand. Fakt war, dass viele im Team am Boden zerstört waren, und ihnen musste ich als Führungskraft wieder aufhelfen.

Ohne Zuversicht kann man sich nicht aufrappeln und optimistisch nach vorne blicken. Also führte ich meinem Team vor Augen, wie viele Krisen wir in den letzten Jahren gemeinsam überstanden hatten, und betonte, dass wir aus all diesen Niederlagen und Rückschlägen immer gestärkt hervorgegangen waren. Wie hat Reinhard Sprenger einmal so schön gesagt: »Selbstvertrauen entsteht dadurch, dass wir uns selbst am eigenen Schopf sehr oft aus dem Sumpf gezogen haben.« Genau darum geht es. Gemeinsam erinnerten wir uns daran, wie es uns schon mit vereinten Kräften gelungen war, uns aus unzähligen misslichen Lagen zu befreien. Ich sah zustimmendes Nicken hier und da, bemerkte bei einigen eine etwas weniger angespannte Körperhaltung und spürte, wie sich die Atmosphäre insgesamt entspannte.

Nun konnten wir uns um die entscheidende Frage kümmern: »Was können wir jetzt konkret tun – jeder Einzelne und das gesamte Team –, um uns auch diesmal aus dem

Sumpf zu ziehen?« Hätte ich diese Frage gleich zu Beginn des Meetings gestellt und Lösungsvorschläge verlangt, ohne auf die emotional aufgewühlte Lage einzugehen und ohne die Gefühle meines Teams zu akzeptieren und zu adressieren, wären die Emotionen vollends übergekocht. Die Anwesenden hätten mit hoher Wahrscheinlichkeit untereinander gestritten, es hätten sich Lager mit unterschiedlichen Ansätzen gebildet und wir hätten über alles geredet, nur nicht über die Lösung des aktuellen Problems. So besprachen wir gemeinsam in Ruhe die nächsten Schritte, um unsere Qualität wieder auf den gewohnten Standard zurückzuführen und die Kunden zufriedenzustellen.

## Kontrollverlust, das Schreckgespenst

Das schlimmste Gefühl, das uns eine Niederlage, ein Fehler oder eine Krise bescheren kann, ist die Angst, die Kontrolle zu verlieren. Es ist dieses subtile Gefühl, dass wir unser Leben, unsere Arbeit und unseren Erfolg nicht mehr in der Hand haben. Dass Dinge einfach passieren, egal was wir tun. Vor unserem geistigen Auge sehen wir schon, wie alles unaufhaltsam den Bach runtergeht.

Die Angst vor dem Kontrollverlust treibt uns oft zu irrationalen und völlig übertriebenen Reaktionen. Sie wird genährt durch die Erfahrungen, die wir im Laufe unseres Lebens gesammelt haben, beispielsweise Situationen, in denen ein Gespräch mit unserem Partner eskaliert ist.

Oder Ereignisse aus der frühen Kindheit, bei denen wir das Gefühl hatten, keinerlei Einfluss auf das Geschehen zu haben. Diese Erfahrungen der Ohnmacht prägen uns nachhaltig und beeinflussen unser späteres Verhalten, nicht nur in Krisensituationen. Als kleiner Junge hatte ich beispielsweise panische Angst vor Hunden. Es brauchte nur ein kleiner Dackel am Horizont aufzutauchen und ich sprang sofort in die schützenden Arme meiner Eltern. Ich kann mir bis heute nicht erklären, woher diese Angst kam. Aber ich sah vor meinem geistigen Auge ganz genau, dass der Hund erst bellte, mich dann biss und ich nichts dagegen tun konnte. Damals war jeder Hund für mich die ultimative Krise und das Symbol meiner Ohnmacht.

Was uns in solchen Situationen fehlt, ist Vertrauen. Das Vertrauen in uns selbst, dass wir ausreichend gewappnet sind, um heil aus der bedrohlichen Situation wieder herauszukommen. Und auch das tiefe Vertrauen in unsere Mitmenschen, dass sie zu uns stehen werden und wir gemeinsam eine Lösung finden.

## Fantasien über die Zukunft

Angst ist nichts weiter als eine Fantasie über die Zukunft. Wir wissen nicht, ob das, was wir uns ausmalen, jemals so eintreten wird. Mit diesem Kopfkino machen wir uns nur selbst verrückt. Fakt ist: Wir werden immer Ängste, Sorgen und Selbstzweifel haben. Und oft genug sind diese Emotionen im Grunde sogar positiv, weil sie uns vor potenziellen

Gefahren warnen und uns noch mal gründlich überlegen lassen, bevor wir überstürzt und impulsiv agieren. Entscheidend für mich ist die Erkenntnis: »Handle niemals aus der Angst heraus.« Wir sollten uns niemals der Diktatur der Angst unterwerfen, denn dann handeln wir unüberlegt, impulsiv und erreichen damit selten das erwünschte Ergebnis.

Was ist also konkret zu tun? Wie sollen wir als Führungskräfte dieses Dilemma lösen? Bei einem Vortrag beantwortete ich diese Fragen kürzlich so: »Ihr Team geht immer nur genau so weit, wie Sie selbst als Führungskraft bereit sind zu gehen.« Nach meiner Erfahrung müssen wir als Führungskräfte immer den ersten Schritt tun und mutig voranschreiten. Wir sind gleichzeitig dazu aufgerufen, auf die Menschen zuzugehen und uns selbst zu öffnen. Das wiederum ermutigt sie, sich ebenfalls hervorzuwagen – das habe ich schon oft erlebt. Und ich finde, das ist eine extrem hoffnungsvolle Perspektive. Denn sie eröffnet uns die Möglichkeit, die Dinge zu verändern und zu verbessern. Wir Führungskräfte sind diejenigen, die Vertrauen und Hoffnung in ein Unternehmen tragen können. Wir laden Menschen ein, neue Erfahrungen zu machen und Schritt für Schritt einander mehr zu vertrauen.

Am Ende beginnt aber alles – wie so oft – mit uns selbst. Nur wenn wir selbst Vertrauen in uns tragen und hoffnungsvoll in die Zukunft blicken, stehen die Chancen gut, dass es uns gelingt, unsere Mitarbeiter mit auf diese Reise zu nehmen und auch in kniffligen Situationen mit ins Boot zu holen. Wer von Selbstzweifeln gebeutelt ist, kann hingegen kein guter Kapitän sein.

### Silberstreif am Horizont
*Ein Gespräch mit Pascal Feyh über den*
*Umgang mit Selbstzweifeln und Niederlagen*

Pascal Feyh, E-Commerce-Unternehmer und Online-Business-Coach, sagt über sich selbst: »Ich gehöre zu den nicht intellektuellen Unternehmern und komme von der Straße.« Bereits mit zweiundzwanzig Jahren hat er sich selbstständig gemacht und schon früh das Internet für sich entdeckt. Seine Geschäfte sind nicht immer rosig gelaufen und es gab Zeiten, in denen sein Unternehmen auf der Kippe stand. Über Jahre musste er hart für seinen Erfolg kämpfen. Auf Kongressen und in Seminaren macht er mit seinen ausgezeichneten Vorträgen anderen Unternehmern Mut: Sie sollen sich nicht von Krisen unterkriegen lassen, sondern auf sich selbst vertrauen.

*Was war bisher deine größte Krise und wie bist du*
*damit umgegangen?*
Ich habe mich zusammen mit meinem Geschäftspartner an einer Kosmetikstudiokette beteiligt. Unser Ziel war es, über ein Franchisesystem zu expandieren – was gnadenlos in die Hose gegangen ist. Das hat echt viel Geld gekostet! Damals, ich war erst siebenundzwanzig Jahre alt, dachte ich noch, ich kann alles und weiß alles. Doch dann musste ich lernen, dass es nicht immer super läuft und mir eben nicht alles locker von der Hand geht. Im Gegenteil. Plötzlich wurde es richtig schwer.

Irgendwann kam der Punkt, an dem ich aufgeben wollte. Ich sagte zu meinem Geschäftspartner: »Es ist hoffnungslos. Wir bekommen das nicht hin mit unserer Kosmetikstudiokette.« Er ließ das aber nicht gelten: »Pascal, du musst durchhalten!« Der hat gut reden, dachte ich damals. Durchhalten? Wie denn, wenn Ebbe in der Kasse ist? Aber ich bin doch dabeigeblieben und es ging dann auch irgendwann aufwärts. Das war eine wichtige Erfahrung.

Und wenn man sich mal genauer umschaut, erkennt man, dass viele große Unternehmerinnen und Unternehmer wahnsinnigen Gegenwind hatten. Sie hatten große Geldprobleme, standen knapp vor dem Konkurs oder sind sogar mehrfach pleitegegangen. Trotzdem haben sie durchgehalten, weil sie alle dieses Urvertrauen mitbringen, dass es immer einen Weg gibt und einen neuen Morgen. Es geht immer weiter!

*Hast du heute, mit all deiner Erfahrung als Unternehmer, eine andere Einstellung zu Rückschlägen und Niederlagen als früher?*
Ich betrachte mich als Lernenden. Heute weiß ich, dass Selbstzweifel und Durststrecken – die mir zwar nach wie vor schlaflose Nächte bereiten – immer wieder vorkommen, egal wie viel Geld man verdient oder wie viele Erfolge man schon vorzuweisen hat. Als ich noch ganz am Anfang stand, dachte ich: »Wenn du irgendwann mal Kontostand X hast, wenn die Firma erst mal Umsatz Y erreicht hat, dann sind die Sorgen weg.« Sind sie aber nicht. Bei mir zumindest. Und vielen Unternehmern, mit denen ich mich über

das Thema unterhalten habe, geht es genauso. Das muss man einfach akzeptieren und seinen eigenen Weg finden, gut damit umzugehen.

*Widerstände und Rückschläge nagen an uns –*
*nicht nur als Unternehmer, sondern auch als Privat-*
*mensch. Was tust du konkret, wenn es nicht so läuft*
*wie geplant und du an dir selbst zweifelst?*
Wenn es irgendwo hakt im Getriebe, dann geht mir das an die Nieren als Unternehmer. Und zwar richtig. So sehr, dass ich sonntags – an einem Tag, an dem ich eigentlich die Zeit mit der Familie genießen sollte –, manchmal ganz »leer« dasitze. Meine Kinder spielen um mich herum, meine Frau redet auf mich ein und ich kriege nichts richtig mit. Ich kann schlecht schlafen, bin verzweifelt.

Aber ich weiß, es sind nur Phasen. Die gehen vorbei. Aber sie gehen nie vorbei durch reines Abwarten. Das heißt, ich muss aktiv Gegenmaßnahmen ergreifen, die mich aus dieser Situation, diesem verfahrenen Kopfkino herausholen. Ich nehme mir dann einfach ein weißes Blatt Papier und schreibe darüber: WBDE. Das steht für: »Was bringt den Erfolg?« Dann sammle ich Ideen. In der Regel zwinge ich mich dazu, zwanzig Punkte aufzuschreiben, die zum Erfolg führen. Denn zehn bis zwölf Punkte fallen einem erfahrungsgemäß noch relativ leicht ein. Um auf zwanzig zu kommen, muss man sich aber richtig durchquälen. Anschließend greife ich mir die drei wichtigsten Ideen mit der größten Hebelwirkung heraus und setze sie um. Darauf fokussiere ich mich.

*Wie kriegst du die Helikopterperspektive, diesen ruhigen*
*Blick von außen auf die Situation, am besten hin?*
Es ist nicht so einfach, aus einem emotionalen Tief herauszukommen. Wenn ich nachts aufwache vor lauter Selbstzweifeln – das ist die schlimmste Zeit. Dann denke ich manchmal wirklich, ich bin der größte Versager auf diesem Planeten. Und es wird immer schlimmer, meine Gedanken drehen sich immer schneller. Irgendwann denke ich: »Scheiße, wohlmöglich verlieren wir jetzt das Haus und das Auto. Was werden die anderen dann von mir denken?« Total absurd!

Meine persönliche Strategie ist: Raus aus dem Kopf, rein in den Körper. Rein in den Körper, das können verschiedene Sachen sein, zum Beispiel Sport. Bewegung ist meiner Meinung nach generell sehr gut. Es kann aber auch Meditation sein, verknüpft mit Yoga. Eine körperliche Betätigung, die gleichzeitig dafür sorgt, dass der Kopf ruhig wird. Erst dann kommt man emotional in den Zustand, um in der Helikopterperspektive denken und Auswege aus der Krise finden zu können.

*Du hast vorhin vom Urvertrauen als Unternehmer*
*gesprochen. Was meinst du: Woher nimmt man*
*diese Zuversicht, dass es am Ende gut ausgehen wird?*
*Wie kann man sie für sich wiederentdecken?*
Ich kann verstehen, dass die Leute an sich selbst und an ihren Vorhaben zweifeln, und ich kann auch verstehen, dass manche von ihnen aufgeben. Wirklich. Um nicht aufzugeben, muss man manchmal echt verrückt sein, oder?

Ich lerne tagtäglich dazu. Wenn man als Unternehmer ein bisschen länger im Sattel ist, hat man seine Erfahrungen: Projekte, die gut gelaufen sind, tolle Produkte oder Dienstleistungen, die man geschaffen hat, Großkunden, die man akquirieren konnte, und so weiter. In der Vergangenheit schon mal Erfolge gehabt zu haben, hilft natürlich enorm. Denn das ist der Beweis, dass man etwas richtig macht.

Zum anderen halte ich mich persönlich an das Motto: »Wenn du das Warum kennst, ist alles andere egal!« Das heißt, die Frage nach dem Sinn. Warum begibt man sich auf diesen womöglich steinigen Weg? Das Warum schlummert tief in jedem von uns. Und es ist bei jedem unterschiedlich. Man muss es nur für sich entdecken und sich vor allem in schweren Zeiten daran erinnern – und wieder daran ausrichten.

# URSPRUNG
## DES VERTRAUENS

Ich habe eine Leidenschaft für Biografien von spannenden Persönlichkeiten wie Künstlern und Unternehmern entwickelt. Inzwischen habe ich schon Hunderte von Biografien gelesen. Die wesentliche Erkenntnis meiner Lektüre: Es gibt niemanden, der in seinem Leben nicht durch tiefe, dunkle Täler wandern musste. Im Gegenteil, je länger man sich mit den Lebenswegen dieser »Superhelden« wie Steve Jobs, Mahatma Gandhi oder Nelson Mandela beschäftigt, desto klarer wird, dass sie vor allem durch ihre Niederlagen – besser gesagt: durch den darauffolgenden Lernprozess und inneres Wachstum – ihr wahres Potenzial entfalten konnten.

Ich habe festgestellt, dass die großen Führungspersönlichkeiten, die Unternehmen oder ganze Länder verändert und geprägt haben, sich in ihren Ängsten und Zweifeln kaum von anderen Menschen unterschieden. Was sie jedoch auszeichnet, ist, dass sie sich niemals von diesen Schattenseiten auf ihrem Weg aufhalten ließen. Bei aller Unterschiedlichkeit ihrer Lebenswege und Ziele kristallisiert sich in meinen Augen bei allen ein ähnliches Mindset heraus – und ein wesentliches Element davon ist Vertrauen. Vertrauen in andere, aber vor allem auch in sich selbst.

Steve Jobs ist ohne Frage einer der ganz großen Unternehmer des letzten Jahrhunderts. Er hat ganze Märkte revolutioniert, beispielsweise die Musikindustrie, den Animationsfilm und nicht zuletzt den Smartphone-Markt. In seinem Lebensweg finden sich aber auch zahlreiche Brüche und Krisen: Er wurde als Gründer der Firma Apple Anfang der 1980er Jahre nach einigen fehlgeschlagenen Projekten aus seiner eigenen Firma geworfen. Als er zurückkam, in den 1990er Jahren, war unklar, ob das Unternehmen die nächsten zwölf Monate überstehen würde. Keine erfreulichen Rahmenbedingungen. Doch in der Zeit, als er nicht für Apple tätig gewesen war, hatte er es geschafft, die Filmindustrie mit computeranimierten Zeichentrickfilmen seines neuen Unternehmens Pixar von Grund auf zu verändern. Und Apple rettete er letztlich dadurch, dass es ihm gelang, dem Mythos Apple wieder neues Leben einzuhauchen. Sowohl in den Filmen als auch in den Buchpublikationen über ihn – egal ob autorisiert oder unautorisiert –, erfährt man als Außenstehender viel von dem, was hinter den Kulissen mit dem Menschen Steve Jobs passiert ist. Man erfährt von Zweifeln und Verzweiflung. Man liest etwas von einem Menschen, der sechs Wochen vor der ersten Präsentation des iPhones in einem Meeting voller Verzweiflung ausrief: »Wir haben gar kein Produkt, um es zu zeigen!« Und doch hat sich er niemals aufhalten lassen, niemals aufgegeben.

Sir Winston Churchill, der einstige britische Premierminister, der sein Land durch den Zweiten Weltkrieg manövrieren musste, ist ein weiteres gutes Beispiel. Nicht ohne Grund heißt der Film über den Weg seiner Entscheidung, die Landung in der Normandie zu befehlen, *Die*

Wer nicht genügend vertraut,
wird kein Vertrauen finden.

*Laotse*

*dunkelste Stunde.* Der Film zeigt einen innerlich zerrissenen Staatsmann, der genau weiß, dass eine Fehlentscheidung Zehntausende, ja wahrscheinlich Hunderttausende Menschenleben kosten könnte. Ist ihm seine Entscheidung leicht gefallen? Sicherlich nicht. Doch er vertraute – wie viele andere ähnlich große Persönlichkeiten – auf sein Urteil und ließ sich nicht von Selbstzweifeln und dunklen Gedanken unterkriegen.

## Selbstvertrauen

Sich selbst zu vertrauen bedeutet, tief im Inneren immer wieder die eigene Kraft zu entdecken, die man als Basis für das Handeln nutzen kann, gerade in schwierigen Zeiten. Für mich speist sich Selbstvertrauen zudem aus der Erinnerung daran, was man schon geschaffen und erreicht hat.

Als Führungskräfte brauchen wir in erster Linie Selbstvertrauen, bevor wir anderen vertrauen und sie im Gegenzug uns vertrauen können. Und nichts ist angenehmer und beruhigender, als mit einer erfahrenen Führungspersönlichkeit an seiner Seite durch eine schwere Zeit zu gehen. Weil dieser Mensch nicht gleich in Panik verfällt, wenn die Erde anfängt, ein wenig zu beben. Selbstvertrauen steht daher auf meiner Liste der Charakteristika von Führungspersönlichkeiten ganz weit oben. Ich persönlich glaube aber nicht, dass es nur geborene Führungspersönlichkeiten gibt. Nach allem, was ich in den letzten Jahrzehnten erleben durfte, werden Führungskräfte zu einem Großteil durch das wahre Leben »gemacht«. Und dieser Entwicklungsprozess beinhaltet eben auch, sich schwierigen Situationen zu stellen, diese erfolgreich zu bestehen und daran als Person zu wachsen.

## Optimismus

Es erfordert jede Menge Mut, sich selbst und anderen zu vertrauen, den ersten Schritt nach vorne zu tun, etwa wenn die Umsätze dick im Minus und die Kassen leer sind. Wir sollten uns aber davor hüten, die Dinge schlechter oder besser darzustellen, als sie in Wirklichkeit sind, denn damit lügen wir nur uns selbst und den anderen etwas vor. Obwohl ich ein sehr optimistischer Mensch bin, kann ich mit übermäßig positivem Denken, so wie es vielerorts praktiziert wird, nichts anfangen. Man findet es überall, ob auf der politischen Ebene oder in Unternehmen. Bei radikalen Umbrüchen, derzeit etwa durch die Digitalisierung, sehe ich diese Form der Schönrederei in allen Branchen gleichermaßen.

In übertrieben positivem Denken steckt meiner Meinung nach immer ein Quäntchen Verleugnung (siehe Kapitel 2). Sich selbst und womöglich auch noch anderen einzureden, die aktuelle Lage wäre super, obwohl das genaue Gegenteil der Fall ist, ergibt für mich absolut keinen Sinn. Was es in der Krise wirklich braucht, ist ein klarer Blick auf die aktuelle Lage. Eine weise Führungskraft sieht das

Glas so, wie es ist. Sie versucht nicht, dem Team einzureden, es sei voll, wenn dem nicht so ist. Die Mannschaft braucht natürlich keinen pessimistischen Prediger, der ständig den Teufel an die Wand malt und sie damit aller Hoffnungen beraubt. Genauso wenig braucht sie aber einen euphorischen Vortänzer, der seine rosarote Brille aufsetzt und bei jedem neuen Hindernis motivierend »Tschakka, du schaffst es!« ruft. Eine Führungskraft sollte sich vor allen Dingen bemühen, die Krisenlage realistisch einzuschätzen, dem Team die möglichen Optionen aufzuzeigen und gemeinsam Lösungsansätze zu erarbeiten.

# GEGENSEITIGES
# VERTRAUEN

In Bezug auf Vertrauen gibt es ein riesiges Missverständnis, auf das ich immer wieder stoße: Wir glauben, dass die Menschen um uns herum sich unser Vertrauen verdienen müssten. Dieses Argument klingt zunächst sehr logisch. Bevor wir jemandem Vertrauen schenken, soll derjenige uns doch bitteschön erst mal beweisen, dass er unseres Vertrauens würdig ist. Das heißt, wir klopfen die andere Person daraufhin ab, dass sie mit unserem Vertrauen sorgsam umgehen wird.

Ich verstehe diese Reaktion und sie klingt wie gesagt im ersten Moment herrlich schlüssig und vernünftig. Das Problem dabei ist, dass dieses Verhalten niemals hundertprozentige Sicherheit garantieren kann. Ein Beispiel: Wenn jemand in einer Beziehung mit seinem Partner zwanzig Jahre lang glücklich gelebt hat, bedeutet das nicht automatisch, dass dies auch für die folgenden Jahre gilt. Es ist und bleibt eine Hoffnung. Aus einem Verhalten in der Gegenwart auf zukünftige Muster zu schließen, hat vielleicht einen wahren Kern, ist jedoch eine recht beschränkte Sichtweise der Wirklichkeit.

Insbesondere wenn wir schmerzhafte Erfahrungen gemacht haben, also jemand zum Beispiel unser Vertrauen ausgenutzt und uns betrogen hat, sagen wir uns: »Ab sofort passe ich aber besonders auf. Bevor ich jemanden vertraue, muss schon eine Menge passieren.« Wir haben große Angst, (wieder) enttäuscht zu werden und (erneut) einen schmerzhaften Vertrauensbruch zu erfahren. Das führt jedoch nur in einen Teufelskreis, in dem wir krampfhaft versuchen, diese Sicherheit über Kontrolle zu erlangen, was aber nur dazu führt, dass wir einander immer weniger vertrauen. Aus Angst machen wir die Schotten dicht – und das spüren die Menschen um uns herum. Sie bekommen mit, dass wir ihnen nicht wirklich über den Weg trauen. Als Reaktion auf unser Misstrauen werden sie sich ebenfalls vorsichtshalber verschließen. Das gilt im Privaten ebenso wie im Unternehmen. Doch meiner Meinung nach verbauen wir uns auf diese Weise wichtige Kanäle für eine wechselseitige, vertrauensvolle Beziehung.

## Vertrauensvorschuss

Oft fragen mich Menschen bei meinen Vorträgen, ob mein Vertrauen denn nie enttäuscht worden sei. Ganz gewiss wurde es das über die Jahre wieder und wieder. Das ist nun mal so im Leben. Egal ob Gelder veruntreut werden, es Diebstähle gibt, Geheimnisse ausgeplaudert werden – solche Verfehlungen einzelner Personen sind für mich noch lange kein Grund, die gesamte Mannschaft unter Generalverdacht zu stellen. So bitter die Erkenntnis im Moment des Vertrauensbruchs auch ist – ich habe für mich die Entscheidung gefällt, dass mir der Preis von Misstrauen und stetig wachsender Kontrolle zu hoch ist.

Vertrauen wird mit Beständigkeit gebaut.

*Lincoln Chafee*

Ich nutze lieber solche Gelegenheiten, um in meinem Team Diskussionen über gegenseitiges Vertrauen anzuregen. »In meinen Augen sind alle Menschen gut und ich kann mir einfach nicht vorstellen, dass mir einer etwas Böses will, mich beklaut oder was auch immer«, beschreibt Vanessa Weber ihr Menschenbild und fügt hinzu: »Ist aber alles schon vorgekommen. Sofort einen Vertrauensvorschuss zu geben, hat sich nicht immer ausgezahlt.« Dennoch lasse sie sich von solchen Enttäuschungen nicht von ihrer positiven Sichtweise abbringen.

Selbstverständlich hat Vertrauen seinen Preis. Es kann ja sein, dass ein Mitarbeiter, dem wir die Lösung eines Problems zugetraut haben, wider Erwarten kläglich versagt. Umgekehrt ist aber auch Kontrolle teuer und aufwändig.

Jede Form der übertriebenen Kontrolle sendet ein klares Signal an das Team: »Wir vertrauen euch nicht. Und wir trauen euch nicht zu, dass ihr die Probleme selbst in den Griff bekommt!« Gegenseitiges Vertrauen beschleunigt hingegen die Zusammenarbeit. Man weiß, dass der andere sich um seine Aufgaben kümmern wird, und kann sich demzufolge auf seine eigene Arbeit konzentrieren. Und gerade wenn der Sturm tobt, ist es entscheidend, dass wir schnell und effektiv handeln. In dem Zuge kann es hilfreich sein, alte Kontrollstrukturen zu eliminieren und Menschen das Vertrauen zu schenken, klug, überlegt und der Situation angemessen zu handeln.

# VERTRAUENSVOLLES ARBEITEN

Wenn Menschen sich über zu viel Bürokratie aufregen – auch eine Form der Kontrolle –, meinen sie damit, dass Vorgänge und Prozesse komplizierter sind, als sie eigentlich sein müssten. Man muss sich vielfach absichern, unzählige Unterschriften einsammeln oder große Protokollverteiler erstellen. In der Regel haben wir ein sehr feines Gespür dafür, wann die Grenze der Nützlichkeit überschritten ist und das Ganze eindeutige Züge von Kontrollwahn aufweist. Trotzdem gibt es überbordende Bürokratie allerorten. Ich habe mich schon oft gefragt, wie sich solche Strukturen herausbilden, die ohne Sinn und Verstand unser Leben verkomplizieren. Die Kontrolle dient dann nicht mehr der besseren Erfüllung des Zwecks, sondern die Bürokratie ist sich selbst genug.

Die Basis aller bürokratischen Strukturen ist häufig Misstrauen. Es ist die falsche Vorstellung, dass Menschen ohne Kontrolle automatisch betrügen. Das wirksamste Mittel gegen überbordende Bürokratie ist damit logischerweise Vertrauen. In vielen Bereichen lassen sich überflüssige Kontrollmaßnahmen finden, die wir als symbolischen Akt einfach mal abschaffen können. Bei Lattoflex organisieren zum Beispiel die Mitarbeiter ihren Urlaub innerhalb der Abteilung selbst. Ich vertraue den Teams, dass sie hierbei im besten Sinne und zum Wohle der Firma handeln und sich untereinander richtig absprechen. Genauso halte ich es mit Überstunden und anderen sonst »genehmigungspflichtigen« Aktivitäten. Das ist meine persönliche Art, meinen Leuten ein klares Signal des Vertrauens zu senden. Und es erspart uns jede Menge Rücksprachen und Papierkram.

## Aufbauarbeit

Jemandem Vertrauen zu schenken bedeutet nicht, naiv zu sein. Es bedeutet mit klarem Verstand zu analysieren, was passiert und was passieren könnte. Es bedeutet sehr wach und sehr offen die anderen zu beobachten. Aber auch uns selbst zu beobachten und zu spüren, ob wir im Begriff sind, aus einer Angst heraus zu handeln. Hand aufs Herz: Blicken Sie einmal auf Ihr Leben zurück und erinnern Sie sich an Situationen, in denen Sie sagen würden, dass Ihr Vertrauen enttäuscht wurde. Und beantworten Sie dann ehrlich für sich die Frage: »Hätten Sie diese Situation und diesen Missbrauch Ihres Vertrauens überhaupt verhindern können?«

Ich habe beispielsweise einmal an einem Workshop teilgenommen, in dem es um Beziehungen ging. Der Coach arbeitete unter anderem mit einem Ehepaar, bei dem gerade ans Licht gekommen war, dass der Mann ein Verhältnis mit einer anderen Frau hatte. Die extrem eifersüchtige Ehefrau hatte ihn über all die Jahre eigentlich auf Schritt und Tritt kontrolliert. Er war dennoch fremdgegangen – und ihr war das offenbar entgangen. Hätte sie das mit noch mehr Kontrolle wirklich verhindern können? Ich vermute eher nicht.

Kontrolle, die auf Angst basiert, macht unser Leben kompliziert und verhindert, dass in unseren Teams wahrhaftige, vertrauensvolle Bindungen entstehen. Indem Unternehmenslenker in ihren Firmen eine Kultur schaffen, die gegenseitiges Vertrauen begünstigt, können wir diesen Teufelskreis aus Angst und Kontrolle durchbrechen. Das erfordert von den Führungspersonen eine ordentliche Portion Mut. Denn sie müssen den ersten Schritt machen und klare Signale aussenden, dass sie dem Team und jedem Einzelnen Vertrauen entgegenbringen. Das ist keine leichte Aufgabe und ich weiß aus eigener Erfahrung, wie frustrierend es sein kann, in einem neuen Verantwortungsbereich Dinge verändern zu wollen. Es gilt, alte Gewohnheiten zu brechen, neues Denken und Verhalten zu etablieren und mit vielen aufgestauten Emotionen und Konflikten souverän umzugehen. Das hat auch mich in meiner Führungstätigkeit immer wieder vor große persönliche Herausforderungen gestellt.

Man kann aber nach Jahren des misstrauischen gegenseitigen Taktierens nicht erwarten, dass die anderen auf der Stelle begeistert aufspringen und sagen: »Super, jetzt wird alles besser und wir vertrauen einander ab sofort blind!« – nur weil der Vorgesetzte an einem Montagmorgen die Entscheidung gefällt hat, ab sofort seinem Team zu vertrauen. Das heißt ja noch lange nicht, dass die Mitarbeiter ihr Verhalten sofort umstellen und selbstständig arbeiten, geschweige denn das Vertrauen erwidern.

Ich versuche immer wieder meinen Führungskräften und meinem Publikum bei Vorträgen oder in Seminaren klarzumachen, dass ein Wandel zu einer vertrauensbasierten Unternehmenskultur nicht von heute auf morgen geschieht – so sehr wir uns auch den schnellen Erfolg wünschen. Stellen Sie sich darauf ein, dass kein Kulturwandel mit einem Fingerschnipsen über die Bühne geht. Sie brauchen erfahrungsgemäß einen langen Atem. Ich halte ein bis zwei Jahre für einen realistischen Zeitraum, um eine Vertrauenskultur zu etablieren und zu festigen. Früher ging es mir nie schnell genug, doch ich habe gelernt, Respekt und Achtung vor den Menschen und ihren individuellen Erfahrungen zu haben.

## Hegen und pflegen

Die Vertrauensbasis dauerhaft aufrechtzuerhalten ist ebenfalls knifflig. Hier gilt es, besonderes Fingerspitzengefühl aufzubringen, wenn es einen Rückschlag oder eine Krise gibt. In solchen Momenten lässt sich mit unglaublicher Geschwindigkeit eine Veränderung erreichen – allerdings in beide Richtungen. Falsche Reaktionen in der Krise, also Misstrauen und Kontrolle, zerstören nachhaltig schnell und effektiv die Kultur und das Miteinander in einem Team.

Als wir Kinder waren, haben wir auf unsere Eltern geschaut und eine Frage war für uns überlebenswichtig: Wie reagieren Mama und Papa, wenn es mal schiefgeht? Wenn wir in der Schule eine Sechs bekommen oder gar sitzen bleiben? Wenn es Ärger mit dem Lehrer gibt? Diese

Wo Vertrauen ist, genügen wenige Worte.

*Berthold Mayr*

Frage ist für uns wichtiger als die Frage danach, wie viele Weihnachtsgeschenke wir bekommen werden. Keine noch so tolle Geburtstagsparty kann es ausgleichen, wenn wir unsicher sind, ob unsere Eltern wirklich für uns da sind, wenn die Erde wackelt.

Genauso geht es uns später, wenn wir erwachsen sind, als Mitarbeiter in einem Unternehmen. Mein Vater vergleicht Vertrauen daher gerne mit einer Pflanze: Man sät einen Samen und wenn man ihn regelmäßig gießt, entsteht allmählich ein zartes Pflänzchen. Doch wenn man nicht richtig aufpasst und darauf tritt, fängt man im schlimmsten Fall wieder ganz von vorne an. »Zuerst einmal muss man eine Vertrauensbasis schaffen. Führung heißt vorweggehen, vormachen und auch dort, wo es brennt, als Erster mit dabei zu sein. Das halte ich für entscheidend«, betont er. »Vertrauen kann man nicht delegieren oder verordnen. Es entsteht in der Art und Weise, wie man mit Menschen umgeht und wie man sie führt. Wir müssen das Vertrauen der Menschen haben, die uns nicht nur zujubeln, wenn es gerade gut läuft, sondern die auch dann, wenn es mal bergab geht, zu uns halten und mit Überzeugung sagen: Das schaffen wir gemeinsam! Wir haben es bisher immer irgendwie geschafft. Ich glaube, es ist unglaublich schwer, das alles im Detail als eine Art Erfolgsrezept darzustellen oder niederzuschreiben – dazu spielen viel zu viele Aspekte mit hinein. Aber wer vorne steht, ist entscheidend: Bekommt er das hin, glaubt man ihm, nimmt man ihm seine Zuversicht ab? Oder werden hier doch am Ende nur leere Phrasen gedroschen?«

Unser Verhalten in der Gegenwart richtet sich nach den Erfahrungen in der Vergangenheit. Ich finde es unglaublich spannend zu beobachten, wie nachhaltig wir solche Erfahrungen abspeichern, wie etwa eine Führungskraft auf einen Fehler oder einen Rückschlag reagiert hat. Und es dauert mitunter Jahre, eine falsche Reaktion in einer Krise aus dem Gedächtnis der Mitarbeiter zu tilgen.

## Veränderungswunsch

In einem Bereich in unserem Unternehmen beschwerten sich die Mitarbeiter schon seit Längerem, dass sie nichts alleine entscheiden durften und der Vorgesetzte alles regelte. Doch umgekehrt hatten sich dort alle Mitarbeiter über die Zeit auch gemütlich eingerichtet. Es vereinfacht natürlich das eigene Leben kolossal, wenn man jedwede Verantwortung nach oben abgeben kann. Solche eingespielten Muster zu brechen, erfordert eine Menge Nerven, Zeit, Geduld und viele Gespräche. So war es auch in diesem Fall. Eine emotional belastende Situation für alle Beteiligten und am Ende auch dem Wohl der Firma nicht zuträglich.

Zwischen dem, was Menschen sagen, was sie wollen, und dem, was sie dann tatsächlich wollen, liegen manchmal Welten. Die Erfahrung zeigt: Leider gibt es keine Checkliste, die man lediglich abarbeiten müsste, um lange eingeübte Muster zu durchbrechen. Veränderungen brauchen ihre Zeit, und es erfordert Geduld und Fingerspitzengefühl seitens der Führungskräfte, immer wieder von Neuem auf die Menschen zuzugehen und sie einzuladen, neue Erfahrungen zu machen. »Steter Tropfen höhlt den Stein« lautet die Devise. Mignon Latoschinski, die Marketingleiterin von Lattoflex, findet Umbrüche an und für sich »toll«, wie sie selbst sagt. »Ich finde, da ist Leben drin.« Viel erschreckender und beängstigender sei für sie persönlich die Vorstellung, es gäbe in ihrem Job jahrzehntelang keinerlei Änderung, gibt sie offen zu. Trotzdem nimmt sie als Führungskraft den Umgang mit Veränderungen nicht auf die leichte Schulter: »Das ist eine große Herausforderung. Den Menschen zuzuhören, ihre Ängste wahrzunehmen, sie ernst zu nehmen – und trotzdem eine Veränderung herbeizuführen. Und das ohne die Menschen dabei zu überfahren, sondern sie mitzunehmen auf dem Weg in etwas Neues.«

# ZUTRAUEN
## UND ZUMUTEN

Anfang der 1990er Jahre planten wir die Einführung einer völlig neuartigen computergestützten Konstruktionssoftware. Ein absolutes Profi-Tool, das eine intensive Schulung der Anwender erforderte. Bisher arbeiteten wir fast ausschließlich am Zeichenbrett. Der Umstieg auf Software war also etwas völlig Neues für uns und wir schufen daher auch eine brandneue Stelle dafür. Diese schrieben wir intern aus, wohl wissend, dass es eigentlich nur eine Handvoll Personen gab, die für diese neue Position infrage kämen.

Erstaunlicherweise bewarb sich auch ein Mitarbeiter aus dem Maschinenraum, der bei uns eine handwerkliche Lehre gemacht hatte und jetzt dort im Serienbetrieb arbeitete. Es war deshalb so verblüffend, da die Stellenbeschreibung ausdrücklich sehr gute Fähigkeiten am Computer und im Umgang mit Konstruktionssoftware vorsah. Doch dieser Bewerber hatte leider kein Abitur oder gar entsprechendes Studium vorzuweisen, eigentlich eine wichtige Grundvoraussetzung für den Job.

Ich erinnere mich noch gut an die lebhafte Diskussion, wie wir mit seiner Bewerbung umgehen sollten. Die Skepsis in meiner Führungsriege war groß, es gab so einige, die dem Kandidaten diese anspruchsvolle Aufgabe nicht zutrauten.

Doch ich selbst kannte seine ausgezeichneten Fähigkeiten in der Konstruktion und Umsetzung von technischen Aufgabenstellungen, da ich einen Teil meiner eigenen Ausbildung mit ihm gemeinsam an der Hobelbank verbracht hatte. Deshalb hatte ich großes Vertrauen, dass er auch diese neue Aufgabe hervorragend meistern würde, und viele andere teilten diese Einschätzung. Er hatte definitiv das Potenzial dazu und war hoch motiviert. Letztlich beschlossen wir, die neu geschaffene Stelle mit ihm zu besetzen, und schickten ihn zur Weiterbildung.

Von außen betrachtet war das vielleicht ein riskanter Schritt, und ich kenne nicht wenige Unternehmen, speziell große Konzerne, in denen das so gar nicht möglich gewesen wäre. Dort wären die internen Strukturen und die unumstößlichen Standards und Vorgaben für eine solche Position (mindestens ein sehr gut abgeschlossenes Maschinenbaustudium oder Ähnliches) im Weg gewesen. Ein Bewerber ohne entsprechende Vorkenntnisse wäre gnadenlos durchs Raster gefallen und hätte nicht den Hauch einer Chance gehabt.

Unser Vertrauen hat sich jedenfalls mehr als ausgezahlt. Heute, fast zwanzig Jahre später, ist dieser Mitarbeiter einer unserer führenden Konstrukteure und Experte für alle Arten von Betten mit motorischer Verstellung und Metallkonstruktionen. Mit Freude habe ich seine Weiterentwicklung in beruflicher Hinsicht, aber auch als Person über die Jahre beobachtet. Solche Beispiele bestärken mich immer wieder darin, den Menschen aus tiefstem Herzen mein Vertrauen zu schenken.

Für mich steht diese Geschichte stellvertretend für unsere Unternehmenskultur. Und ich erzähle sie oft und gerne, wenn es darum geht, Führungskräften Mut zu machen, anderen zu vertrauen – und ihnen viel mehr zuzutrauen.

## Seismografisches Gespür

Im Tagesgeschäft, aber auch in Krisensituationen muss eine Führungskraft einschätzen können, wie viel Kontrolle und wie viel Freiheit nötig ist. Das kann ja individuell im Team verschieden sein. Hilfreich ist dabei auf jeden Fall, wenn wir ein gutes Gespür für die Menschen in ihrem Team entwickeln. Wir müssen wissen, wie jeder Einzelne tickt und wie viel wir ihm zumuten können. Manchmal ist es notwendig, eine klare Entscheidung zu fällen, manchmal ist es besser, sich zurückzuhalten. Hierfür gibt es kein festes Schema. Es spielt keine Rolle, ob es dabei um unseren Lebenspartner, einen Freund, einen Kollegen oder einen Mitarbeiter geht: Wir spüren instinktiv, wann der andere Hilfe oder einen Rat benötigt und wann es an der Zeit ist zu schweigen und den anderen einfach machen zu lassen.

Ich wurde kürzlich auf einem Unternehmerforum bei einem meiner Vorträge gefragt, was mein Ziel bei der Führung meines Unternehmens sei. Meine Antwort lautete: »Ich wünsche mir ein Unternehmen, in dem sich die Menschen, die dort gemeinsam arbeiten, wohlfühlen und mit dem sie nur Positives verbinden.« Zugegeben, das klingt ein wenig naiv, und mir ist durchaus bewusst, dass es immer wieder Tage geben wird, an denen die Leute sich streiten und es überhaupt nicht vorangeht. Aber wenn wir uns dies zum Ziel setzen, fällt es uns meiner Meinung nach leichter, die richtige Balance zwischen Zutrauen und Zumuten zu finden – eben dieses perfekte Zusammenspiel zwischen zu viel und zu wenig Kontrolle. Ich vergleiche das gerne mit dem Golfspiel. Wer seinen Golfschläger zu fest umklammert, hat praktisch keine Chance, jemals erfolgreich den Ball zu schlagen. Wer jedoch seinen Schläger zu locker umfasst, wird den Ball auch nicht richtig treffen. Das Geheimnis des erfolgreichen Golfspielens ist die Balance zwischen festem und lockerem Griff. Das ist für mich ein perfektes Bild für die Führung eines Teams.

## Bürde der Freiheit

Vor Jahren hatte ich auf einem meiner Vorträge zum Thema Mitarbeitermotivation eine Folie, die regelmäßig zu einer lebhaften Diskussion über Führungsstile führte. Man sah darauf einen Schimpansen und ich hatte dazu folgenden Text geschrieben: »Strukturen für interessierte Schimpansen erschaffen dressierte Schimpansen!« Und dazu stehe ich. Ich kann mich als Unternehmer und als Führungskraft nicht darüber beschweren, dass meine Mitarbeiter niemals selbstständig handeln und nie eigene Ideen haben, wenn ich sie gleichzeitig in eine Zwangsjacke stecke, in der sie nur mit Erlaubnis überhaupt atmen dürfen.

Ich habe mir immer gewünscht, dass in meinem Team ein hohes Maß an gegenseitigem Respekt und Vertrauen herrscht. Vertrauen in Kollegen und in Vorgesetzte bedeutet, dass jeder eine innere Sicherheit spürt und handeln darf, ohne sich jedes Mal absichern zu müssen. Aber auch mit neuen Freiheiten müssen alle umgehen lernen. Ich glaube, wir sind in dieser Hinsicht alle ein bisschen »schizophren«. Wir wollen alle die Freiheit – bis wir die Freiheit dann haben.

Gerade neue Teammitglieder kommen gerne wegen jeder kleinen Frage zu mir. Dahinter steckt natürlich die Hoffnung, die Verantwortung nicht selbst tragen zu müssen, und sicherlich auch die Angst, zu Beginn etwas falsch zu machen und dafür Ärger zu bekommen. Sie delegieren also das Problem zurück. Besser gesagt: Sie versuchen es. Auf der einen Seite schmeichelt es mir natürlich, wenn jemand meine Hilfe haben will oder meinen Rat sucht. Ich habe mir jedoch über die Jahre angewöhnt, solche Fragen nach Möglichkeit nicht zu beantworten, sondern stattdessen dem Mitarbeiter die Chance zu geben, das Problem selbst zu lösen.

Selbstverständlich wollen wir alle gebraucht werden. Doch viele betteln förmlich darum, dass andere sie jeden Tag darin bestätigen, wie unersetzlich sie sind. Aus einer solchen Haltung heraus zerstören Führungskräfte oftmals die Vertrauenskultur in ihrem Unternehmen, ohne dass es ihnen vielleicht bewusst ist. Beim kleinsten Anzeichen von Schwierigkeiten springen sie wie ein Feuerwehrmann in die Bresche und »retten die Welt«. Dabei ist gerade eine schwierige Situation der ideale Moment, den Mitarbeitern zu versichern: »Du machst das schon. Ich vertraue dir!« Nach meiner Erfahrung blühen Menschen gerade unter solchen Bedingungen zu ihrer wahren Größe auf. Wer also ein Interesse daran hat, seine Mitarbeiter wachsen zu lassen, tut gut daran, ihnen vertrauensvoll auf die Schulter zu klopfen und sie ihr Ding machen zu lassen, gerade wenn es nicht rund läuft.

## Wider das Ego

Im Grunde genommen bedeutet das für mich, dass ich als Chef immer wieder hart daran arbeiten muss, mich selbst überflüssig zu machen. Und das ist fürs Ego manchmal schon eine harte Nummer, das gebe ich offen zu. Dass ich nach meiner Rückkehr aus einem Urlaub oder einer Auszeit festgestellt habe, dass mein Team während meiner Abwesenheit alles prima im Griff hatte, habe ich ja bereits an mehreren Stellen geschildert. Mit solchen Erlebnissen bin ich offenbar keineswegs alleine.

Vanessa Weber erzählte mir von ihren sehr ähnlichen Erfahrungen, als sie sich ganze neun Wochen Auszeit nahm. »In den ersten drei Jahren nach der Übernahme habe ich mir keinen einzigen Urlaubstag gegönnt. Irgendwann erkannte ich, dass ich auf dem besten Weg in den Burnout war und zog die Reißleine. Mir war klar, wenn ich mich jetzt nicht um mich selbst kümmere, kommt bald ein großer Crash – und das hilft am Ende keinem«, sagt sie über

Die größte Ehre, die man einem Menschen antun kann,
ist die, dass man zu ihm Vertrauen hat.

*Mathias Claudius*

ihren wichtigen Entschluss. Natürlich war das gesamte Team darauf vorbereitet – ein Jahr im Voraus wussten schon alle Bescheid. Vanessa Weber kümmerte sich in diesen zwölf Monaten intensiv darum, sukzessive Verantwortung abzugeben. Um sich selbst davon abzuhalten, sich von unterwegs doch wieder einzuklinken, entschied sie sich bewusst für eine Kreuzfahrt, da man dort nur schwer erreichbar ist und Telefonate extrem teuer sind. »Nervös und neugierig war ich natürlich trotzdem, zumindest in der Anfangszeit«, räumt sie ein. »Zwischendrin schrieb ich daher schon hier und da mal eine E-Mail und erkundigte mich, ob alles in Ordnung sei … Aber meine Leute waren rigoros und konsequent. Ihre Standardantwort lautete: ›Du hast gesagt, dass du keine Infos willst, also bekommst du auch keine.‹ Basta. Fand ich toll! Irgendwann hatte ich dann auch kein Bedürfnis mehr nachzufragen. Ich wusste, dass sie mich erreichen können, falls wirklich die Hütte brennt. Das war für mich genug.«

## Bevor es weitergeht

Vertrauen ist die klare Entscheidung, einen Schritt nach vorne und auf andere zuzugehen, auch wenn wir uns insgeheim davor fürchten, enttäuscht zu werden. Gegenseitiges Vertrauen schweißt uns zusammen, es schenkt uns Zuversicht, schwere Zeiten miteinander durchstehen zu können. Hier ein paar Gedanken und Anregungen, die Ihnen helfen können, Ihre Vertrauenskultur auszubauen und zu festigen, sodass sie ein solides Fundament bildet, das jedem Sturm standhält.

Blicken Sie zurück auf Situationen, in denen Sie von Menschen enttäuscht worden sind. Spüren Sie nach, ob und wie sehr diese Enttäuschung noch heute in Ihnen wirkt und Ihr Handeln als Person und als Führungskraft beeinflusst. Setzen Sie sich mit Ihren Gefühlen auseinander und überlegen Sie: Wie könnten Sie es schaffen, sich und anderen mehr zu vertrauen?

Überlegen Sie sich, in welchen Bereichen Sie Ihren Mitarbeitern ruhig mehr zutrauen könnten. Es ist Ihre Entscheidung! Sprechen Sie beim nächsten Mitarbeitergespräch offen über Vertrauen und Kontrolle. Hören Sie zu, wie die Mitarbeiter dieses Thema sehen und wo sie sich mehr Freiheiten wünschen.

In welchen Bereichen in Ihrem Unternehmen gibt es Ihrer Meinung nach zu viel Bürokratie? Wie sehen das Ihre Mitarbeiter? Überlegen Sie gemeinsam, welche unnötigen Kontrollmaßnahmen Sie zugunsten einer verbesserten Vertrauenskultur symbolisch abschaffen könnten.

# 5

# VERANTWORTUNG

**Was auch immer passiert,
übernimm die Verantwortung!**

*Tony Robbins*

# WUNSCHDENKEN

Als ich die Leitung eines Bereichs übernahm, der aufgrund diverser Führungsprobleme in der Vergangenheit komplett in Einzelgruppen zerfallen war, stand ich vor einer großen Herausforderung. Jeder kämpfte hier gegen jeden und jede Abteilung war sozusagen ein eigenes Königreich. Es gab weder Teamgeist noch irgendein Gefühl von gemeinsamer Zielsetzung, geschweige denn eine gemeinsame Vision. Meine naive Vorstellung war damals noch, dass es lediglich ein paar vernünftiger Worte bedürfe und die Menschen ihre Einstellung und ihr Verhalten dann schon ändern würden. Also führte ich pflichtbewusst mit den Führungskräften Gespräche, machte deutlich, woran der Bereich meiner Ansicht nach krankte, und betonte, dass es doch viel angenehmer wäre, wenn wir ab sofort auf eine andere Art und Weise unsere Zusammenarbeit definieren würden.

Danach lehnte ich mich zurück und hatte das Gefühl, alles getan zu haben, damit es wieder gut lief. Diese Vorstellung war jedoch ähnlich naiv wie zu glauben, dass das Aufdrucken von Warnhinweisen und Ekelbildern auch nur einen einzigen Raucher davon abhält, sich eine Packung Zigaretten zu kaufen. Mit Wunschvorstellungen, rationalen Argumenten und gutem Zureden kommt man da nicht weit.

So war es auch in dem von mir verantworteten Bereich. Es änderte sich erst einmal rein gar nichts. Die ewigen

Streitereien und das Silodenken der Abteilungen gingen munter weiter – und ließen mich in tiefem Frust zurück. Ich war schon kurz davor, alles hinzuschmeißen. Mit dermaßen beratungsresistenten Leuten, solchen Sturköpfen, konnte das doch nichts werden! Ich konnte doch wohl rein gar nichts dafür, dass es in dem Bereich weiterhin nicht lief. Ich hatte ja alles Menschenmögliche getan – die anderen waren das Problem! Sie erkannten einfach nicht, wie gut sie es haben könnten.

Beinahe hätte ich damals den einfachen Weg gewählt und meine Verantwortung als Führungskraft nicht wahrgenommen. Ich hatte mir im Grunde die Schuldigen schon ausgesucht. Doch dann machte ich mir wieder bewusst, dass unser Verhalten auf unseren früheren Erfahrungen basiert und dass wir keinen Schalter in uns tragen, den man nur umlegen muss, damit sich die Dinge ändern. Ich durfte nicht zu früh aufgeben! Ich hatte doch den anderen noch gar keine Chance gegeben, neue Erfahrungen zu sammeln und ihr Verhalten zu ändern. Ich machte also weiter und sprach eine Einladung nach der nächsten aus, einen neuen Weg zu versuchen.

Dennoch fand ich es frustrierend, wie wenig sich zu Beginn wandelte. Doch meine Geduld wurde belohnt: Nach und nach reagierten die Mitarbeiter auf meine Einladungen. Wie ein zartes Pflänzchen, das im Frühjahr den Boden durchstößt, begann unsere neue Kultur zu wachsen. Die Stimmung im Team veränderte sich allmählich, alle Beteiligten arbeiteten viel öfter und sogar abteilungsübergreifend zusammen. Das war für viele eine völlig neue Erfahrung.

# DIE ELENDE
# SCHULDFRAGE

Wir sind Weltmeister darin, Schuldige zu suchen, und in der Regel finden wir auch schnell einen passenden »Kandidaten«. Der Vorteil: Wenn jemand anders schuld ist, sind wir selbst fein raus. Super, oder? Entweder ist der fiese Wettbewerb schuld, die Kunden verstehen das Produkt nicht, die anderen Abteilungen sind komplett unfähig, die neue EU-Richtlinie ist total schwachsinnig oder die Regierung hat schlichtweg die falschen Gesetze erlassen.

In unserer Branche heißt der aktuelle Sündenbock vor allem »E-Commerce«. Seit ein paar Jahren hat der stationäre Handel enorme Probleme, weil immer mehr Menschen lieber auf dem Sofa sitzen und im Internet einkaufen, statt durch die Stadt zu bummeln. Da ist vielerorts die Empörung groß: Unerhört! Das muss doch jemand verbieten – oder zumindest irgendwie gesetzlich unter Kontrolle bringen!

Dass es zu einer dramatischen Umsatzverlagerung vom stationären Handel ins Internet gekommen ist, ist aber bei genauerer Betrachtung nicht allzu überraschend. Der Onlinemarkt bedient eben genau die Bedürfnisse seiner Kunden. Unsere Konsumgewohnheiten verschieben sich seit vielen Jahren. Die Art, wie wir einkaufen wollen, und was wir bei unserem Shoppingerlebnis erwarten, hat sich bei vielen Konsumenten radikal geändert. Der Niedergang von Warenhäusern hat meiner Meinung nach nichts mit

Wo es Verantwortung gibt, gibt es keine Schuld.

*Albert Camus*

dem Internet an sich zu tun, sondern mit dem Wandel der Einkaufsgewohnheiten der Menschen. Das Geschäftsmodell »Warenhaus in der Innenstadt« hat zumindest für diese Zielgruppe ausgedient. Und niemand würde, wenn er ehrlich ist, auf die verrückte Idee kommen, heute noch so etwas wie ein Karstadt-Warenhaus neu zu eröffnen. Es ist zu wenig spezialisiert und es nähme eine viel zu große Fläche in Innenstadtlage ein.

In den letzten zwei Jahren gab es auf unzähligen Branchentreffs und Handelstagungen ein endloses Lamentieren; jeder war auf der Suche nach dem Schuldigen an der aktuellen Misere. Doch auch andere Branchen, angefangen von der Verlagsbranche über Gemischtwaren bis hin zu Spezialanbietern, haben offenbar den aufziehenden Sturm am Horizont zu lange ignoriert und die neuen Möglichkeiten, die dieses ominöse Internet mit sich brachte, verkannt – sonst hätten der Internetriese Amazon, sein asiatisches Pendant Alibaba und andere beliebte Shopping-Plattformen vermutlich gar nicht so groß und weltweit erfolgreich werden können.

## Das Gute und das Schlechte

Zu oft beschuldigen wir Menschen für ihre Handlungen, weil sie uns nicht passen. Sowohl privat als auch im Unternehmen wissen wir sehr genau, wer wann was falsch gemacht hat. Doch kein Mensch ist durch und durch schlecht oder von Grund auf böse. Wenn es uns gelingt, in eigener

Verantwortung das ganze Bild zu sehen und uns selbst die Frage zu stellen »Wobei hat mir das geholfen?«, dann haben wir eine Chance, eine neue Ebene der Freiheit und des Handelns zu erreichen. Das kann uns von den Fesseln der Vergangenheit befreien.

Im Jahr 2015 nahm ich an dem Workshop »Date with Destiny« von Tony Robbins in Florida teil. Es ist der Workshop, auf dem die inzwischen legendäre Netflix-Dokumentation *I am not your guru* beruht. Während dieses Workshops standen eine Mutter und ihre Tochter auf und Tony Robbins arbeitete mit den beiden. Sie beschuldigten den Exmann beziehungsweise Vater, dass er sich nicht ausreichend um die Tochter gekümmert hatte, Drogenprobleme hatte und vieles andere mehr. Tony Robbins forderte erst die Mutter und dann die Tochter auf, ihn »vollständig zu beschuldigen«, also sowohl für das Schlechte als auch für das Gute verantwortlich zu machen. Was er damit meinte, machte der Coach am Beispiel seiner eigenen Mutter deutlich: Seine schwer drogensüchtige Mutter hatte ihn in seiner Kindheit oft misshandelt. Das sei nicht wegzudiskutieren und das versuche er gar nicht. Er sagte aber auch, dass sein unstillbarer Hunger, das Leiden der Menschen zu beenden, entstanden sei, weil seine Mutter so war, wie sie eben war.

Die beiden Workshop-Teilnehmerinnen kamen zu einer ähnlichen tiefgreifenden Erkenntnis. Die Mutter brach in Tränen aus, als es ihr gelang, Aussagen zu formulieren wie: »Ohne ihn hätte ich heute nicht eine so wundervolle Tochter!« Und die Tochter stellte fest, dass die Kraft, mit der sie durchs Leben geht, viel damit zu tun hat, was ihr Vater ihr im Kindesalter beigebracht hatte. Diese Leistung hatte sie bisher vor lauter Schuldzuweisungen gar nicht sehen, geschweige denn anerkennen können. Die Tochter nahm danach den Kontakt zum Vater wieder auf, die beiden versöhnten sich und konnten einander völlig neu begegnen, weil jeder in der Lage war, seinen Teil der Verantwortung zu tragen und das Thema Schuld auszuklammern. Sechs Monate später verstarb der Vater und die Tochter berichtete in einem Video, wie unendlich dankbar sie sei, dass es ihr gelungen war, diese Chance zu nutzen.

## Das Heft des Handelns

Ich habe über die Jahre gelernt: Wem wir die Schuld geben, dem legen wir auch das Heft des Handelns in die Hand. Das bedeutet, solange der auserkorene Schuldige seine Expansion, seine aggressive Marketingstrategie, seine Produktinnovationen et cetera nicht netterweise von selbst einstellt, können wir rein gar nichts tun. Wir sind scheinbar machtlos. Doch diese Ohnmacht ist selbstverschuldet! Auch wenn viele es nicht offen zugeben wollen.

Deshalb weise ich generell immer und immer wieder darauf hin, dass Verantwortlichkeit der Schlüssel ist, um aus einer Krise möglichst schnell herauszukommen. Dabei steht am Anfang eine simple Frage: »Welchen Teil der Verantwortung kann oder muss ich selbst an der gegenwärtigen Situation übernehmen?« Diese Sichtweise ist natürlich sehr ungemütlich, denn wir müssen uns dabei als Erstes an die eigene Nase fassen.

Jede Krise hat unterschiedliche Aspekte und Dimensionen. Die persönliche Verantwortlichkeit betrifft unser individuelles Handlungsfeld und den Einfluss auf unsere unmittelbare Umgebung. Hier können wir in der Regel am meisten bewirken, auch wenn es auf den ersten Blick eher Kleinigkeiten sind. Die nächstgrößere Dimension ist die grundsätzliche Organisation des Unternehmens, auf die wir als Führungskräfte und vor allem als Firmeninhaber einwirken können. Was unseren Markt, neue Wettbewerber oder politische Rahmenbedingungen wie Gesetze, Zölle oder Handelsbeschränkungen angeht, schwindet unser direkter Einflussbereich naturgemäß. Dennoch ist dies kein Grund, die Hände in den Schoß zu legen und mit unserem ach so schweren Schicksal zu hadern. Denn auch auf dieser Ebene müssen wir nach Möglichkeiten suchen, mit der neuen Realität umzugehen. Durch diesen Perspektivwechsel kommen wir wieder in die Eigenverantwortung und diese veränderte Sichtweise eröffnet uns die enorme Chance, aus einer Krise heil herauszukommen oder zumindest die ersten Schritte dahingehend zu unternehmen. Solange wir beispielsweise unseren Eltern oder Ehepartnern oder dem US-Präsidenten oder der EU oder der Flüchtlingskrise oder unseren Lieferanten oder Zalando & Co. oder sonst wem die Schuld an unserer aktuell misslichen Lage geben, kleben wir förmlich an unserem Problem fest. Solange wir nicht die Verantwortung übernehmen, herrscht Stillstand.

Auch mein Vater musste in vielen Krisen mutig voranschreiten und das Heft des Handelns in die Hand nehmen. Er erinnert sich: »In den 1980er Jahren gab es die erste große Krise in der Vermarktung, als Aldi und die ganzen anderen Flächenanbieter kamen. Dort gab es zum ersten Mal richtige Probleme. In diesem Moment braucht man ein paar Leute, die das gleich sehen und die man mitnehmen muss. Irgendwann kommt aber der Punkt, an dem man unter Beweis stellen muss, ob man als Führungskraft gut ist.« Und er findet klare Worte zur Verantwortlichkeit: »Ich kann das nur für mich sagen, andere werden das sicherlich anders sagen. Aber ich hatte damals zweihundertfünfzig Mann in der Produktion, die nannten sich Thomaner. Ich hatte eine riesige Verantwortung für diese Leute – und eine solche Verantwortung kann ich nicht einfach verleugnen, weil es gerade unbequem wird, mit den Schultern zucken und behaupten: Ich kann ja auch nichts dafür, dass der Markt sich ändert. Nein, diese Verantwortung muss ich als Führungskraft und Unternehmer wahrnehmen. Das gehört einfach dazu!«

## AUF DER SUCHE NACH EIGENVERANTWORTUNG

Wenn ich mich in meinen eigenen Gedanken festgefahren fühle, nehme ich ein Blatt Papier und schreibe auf, wem oder was ich an der aktuellen Krisensituation die Schuld gebe – oder geben könnte. Das tue ich so lange, bis mir beim besten Willen keine Sündenböcke mehr einfallen. Mit etwas Abstand schaue ich mir diese Liste in aller Ruhe durch und stelle mir bei jedem Eintrag die Frage: »Will ich wirklich dieser Personen oder diesem Umstand bedingungslos und kampflos die ganze Macht übertragen, meine Lage zu verbessern?«

Meiner Erfahrung nach ist es wesentlich wirksamer, das Ganze niederzuschreiben, als es nur gedanklich durchzuspielen. So sieht man Schwarz auf Weiß, wem man die Schuld und damit die Macht zur Veränderung gibt. Zweifellos ist es oftmals ein durchaus schmerzhafter Prozess zu erkennen, wie schnell wir in diese Falle tappen. Es ist wie ein Reflex, der uns eine vermeintliche Erleichterung verschafft, indem wir unsere Verantwortung »abgeben«. Dabei ist jedem von uns im tiefsten Inneren klar, dass diese Erleichterung nur kurzfristig sein kann. Denn es verändert sich so rein gar nichts. Vor allen Dingen verführt uns diese Haltung dazu, abzuwarten und nicht ins Handeln zu kommen.

Für mich ist es immer sehr hilfreich, mir diesen doch oft unbewussten Mechanismus unmittelbar vor Augen zu führen. Anschließend nehme ich ein weiteres Blatt Papier und fülle es mit den Aspekten, für die ich persönlich die Verantwortung übernehmen kann. Ich notiere gleich mit dazu, was ich konkret unternehmen könnte, um zu einer Lösung beizutragen oder die Lage für alle Beteiligten zu verbessern. Dann nehme ich mir einen Aspekt nach dem anderen von der Liste vor und arbeite die Punkte ab.

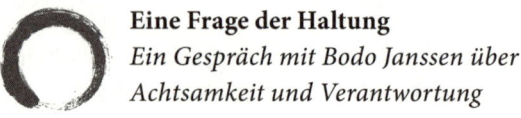

### Eine Frage der Haltung
*Ein Gespräch mit Bodo Janssen über*
*Achtsamkeit und Verantwortung*

Bodo Janssen ist Inhaber und Geschäftsführer der Hotelgruppe Upstalsboom. Er krempelte – ausgelöst durch eine schwere Krise – sein Unternehmen radikal um. Nach einem Aufenthalt im Kloster, um zu sich selbst zu finden, brach er mit traditionellen Führungsansätzen und entwickelte gemeinsamen mit seinen Mitarbeitern im Anschluss den sogenannten Upstalsboom-Weg. Und dieser Weg war erfolgreich: Umsatz und Gewinn verdoppelten sich in nur fünf Jahren, die Mitarbeiterzufriedenheit verbesserte sich radikal und das Unternehmen wurde zu einem der begehrtesten Arbeitgeber seiner Branche.

*Ich weiß aus deinen Vorträgen, dass bei dir das*
*Thema Krise einen ganz besonderen Hintergrund*
*hat. Mit einer Krise hat eigentlich alles begonnen*
*bei dir und dem Upstalsboom-Weg. Wie ist es dazu*
*gekommen?*
Ich interpretierte Führung anders, als es den Menschen guttat. Ich verhielt mich entsprechend, war sehr von mir überzeugt und versuchte, die Menschen von oben herab zu »Pflichterfüllern« zu degradieren, indem ich ihnen sagte, was sie zu tun hatten. Die Unzufriedenheit in der Belegschaft stieg und auf die Frage »Was braucht ihr, um besser arbeiten zu können?« kam die vernichtende Antwort:

»Einen anderen Chef als Bodo Janssen.« Und das ist natürlich ungünstig. Aber ich musste nun mit dieser Situation irgendwie umgehen. Und so war diese Krise der Auslöser für einen neuen Anfang.

*Hast du neue Antworten für die Führung deines*
*Unternehmens gefunden?*
Die Antworten auf die Fragen meiner Mitarbeiter habe ich nicht in irgendeiner Managementliteratur gefunden, sondern im Dialog und im Miteinander. Denn die Beziehung zwischen den Menschen findet in diesen Büchern nicht statt. Darin geht es um andere Dinge. Darin geht es um Funktionen, darin geht es um Positionen, technische Sachverhalte, Prozesse, Standards und Checklisten.

*Wir beide als Unternehmer haben eine Vision von*
*der Zukunft. Und dann stoßen wir auf Widerstände.*
*Wie gehst du mit Widerständen um?*
Ich bin erst mal extrem dankbar dafür. Wir brauchen Widerstände, um zu wachsen. Wenn man beispielsweise beim Sport keine Widerstände überwindet, wächst der Muskel nicht. Wir müssen nur darauf achten, dass die Widerstände nicht so groß sind, dass wir daran zerbrechen. Also, wenn ich mir jetzt eine Langhantel mit zweihundertfünfzig Kilo auf die Schultern legen würde und so Kniebeugen machen wollte, wäre der Widerstand wahrscheinlich so groß, dass ich meine Gesundheit gefährden würde. Ist der Widerstand aber zu klein, findet gar keine Entwicklung statt.

Ich glaube, dass es extrem wichtig ist, zunächst mal Widerständen mit der Haltung zu begegnen: Das ist jetzt eine unglaublich gute Chance, um zu wachsen. Und damit verlieren sie auch ein Stück weit ihren Schrecken. Dann wird plötzlich jeder Widerstand zu einem großen Abenteuer, an dem wir wachsen, uns weiterentwickeln können.

*Was ist der größte Wunsch, den du für die Unternehmer dieser Welt hast? Wozu würdest du sie gern ermuntern oder ermutigen?*
Ich wünsche mir, dass die Menschen aufhören, sich hinter der vermeintlichen Verantwortung anderer zu verstecken: »Mein Chef will das aber nicht« oder »Ich habe dafür kein Budget« – ich finde diese Aussagen ziemlich unsinnig, denn achtzig Prozent der Impulse, die nötig sind, um etwas Positives voranzubringen, haben weder etwas mit dem Vorgesetzten noch mit Budgets zu tun, sondern ausschließlich mit dem Verhalten, das ich selbst an den Tag lege.

Und ich glaube, das wünsche ich ihnen: dass sie aufhören, die Verantwortung auf andere abzuschieben. Und dass sie sich darüber bewusst werden, dass ein Großteil ihres Verhaltens ausreicht, um tatsächlich etwas zu bewegen.

Suche nicht nach Fehlern, suche nach Lösungen.

*Henry Ford*

# AUFRICHTIGE WORTE

Unsere schwere Krise Anfang der 2000er Jahre war eine extrem belastende und herausfordernde Zeit. Alles ging drunter und drüber und wir verloren das Vertrauen unserer Kunden. Am Anfang versuchten wir noch die Kunden zu beschwichtigen, die erbost bei uns anriefen. »Das sind Einzelfälle!«, hieß es dann, oder: »Alles kein Problem – wir haben das nächste Woche im Griff!« Doch diesen Versprechungen konnten wir nicht so schnell wie gedacht Taten folgen lassen. Je schlimmer es wurde, desto wütender reagierten logischerweise die Kunden. Ich entschied mich deshalb, einen offenen Brief zu verfassen.

Ich legte in diesem Schreiben offen und ehrlich dar, dass wir derzeit ein großes Problem hatten und übernahm dafür persönlich die Verantwortung. Es gab weder eine Rechtfertigung noch irgendwelche Ausreden. Ich entschuldigte mich in aller Form für den entstandenen Ärger und lud sie ein, sich jederzeit direkt an mich zu wenden, wenn es weitere Fragen oder sonstige Probleme geben sollte. Ich unterschrieb jeden Brief eigenhändig.

Die Reaktion war überwältigend. Ich bekam von allen Seiten, selbst von Kunden, die es wirklich hart getroffen hatte, anerkennende Worte für meine Offenheit. Viele sicherten uns Unterstützung auf dem weiteren Weg zu. Auch intern veränderte sich durch dieses Entschuldigungsschreiben die gesamte Stimmung, und in unseren Besprechungen ging endlich wieder etwas vorwärts. Indem ich selbst die Hauptverantwortung auf mich genommen und damit meinem Team abgenommen hatte, ging es in der Folge nicht mehr darum, einen Schuldigen zu suchen, sondern wir konnten unsere gesamte Energie der Beseitigung der Krise widmen.

## Verantwortung übernehmen

Selbst in scheinbar ausweglosen Situationen gibt es immer etwas zu tun. Das habe ich mittlerweile vielfach am eigenen Leib erfahren. Es mag nur ein kleiner, unbedeutend erscheinender Schritt sein und nicht die große Lösung zum sofortigen Beenden der Krise, aber das allein eröffnet uns die Möglichkeit, wieder aktiv ins Handeln zu kommen – jenseits der Opferrolle und jenseits der Schuldfrage. Das ist der Grund, warum ich über die Jahrzehnte die Verantwortung so sehr lieben gelernt habe. Sie schenkt mir die Kraft, in schwierigen Situationen immer dort anzufangen, wo ich tatsächlich handeln kann, und damit dem Gefühl der Ohnmacht zu entgehen.

Zugegeben, der Begriff »Verantwortung« ist nicht gerade sexy. Schon in frühester Kindheit wurde Verantwortung mit lästiger Pflicht und bleierner Schwere verknüpft. Denn wenn es hieß, wir seien nun schon alt genug und müssten die Verantwortung tragen, war diese elterliche Ankündigung in der Regel mit unliebsamen Aufgaben verbunden:

Rasen mähen, Babysitten, Einkäufe erledigen et cetera. Spaß ist definitiv etwas anderes! »Verantwortung tragen« – das klingt auch im Erwachsenenalter irgendwie nach Büßerhemd und Gang nach Canossa. Außerdem ist der Begriff eng verbunden mit Schuld. Denn wer die Verantwortung übernimmt, ist doch wohl logischerweise auch schuld, wenn es schiefgeht.

Dabei hilft ein solides Verantwortungsbewusstsein aller Beteiligten enorm, wenn es darum geht, nach einer Krise neu durchzustarten. Es ist wichtig, aus der Opferrolle herauszukommen und selbstbewusst und selbstbestimmt nach vorne zu gehen.

Meine Definition von Verantwortlichkeit ist, anzuerkennen, dass wir erstens ein Teil des Problems sind, dass es zweitens Dinge gibt, die wir ursächlich beeinflussen können, und dass es drittens Aspekte der aktuellen Situation gibt, die wir nicht beeinflussen können. Wenn wir uns also die Fragen stellen: »Was können wir tun? Was können wir in dieser Situation tatsächlich beeinflussen?«, übernehmen wir damit automatisch die Verantwortung für einen speziellen Teil des Problems und tragen zur Gesamtlösung bei. Und ich glaube, genau darum geht es. Es ist völlig sinnlos, lang und breit darüber zu diskutieren oder nachzudenken, wer an der aktuellen Misere schuld ist. Die Situation ist so, wie sie ist. Die Suche nach einem Sündenbock nützt unter dem Strich niemandem etwas.

## Ins Handeln kommen

Wer Vertrauen, Verantwortung und Verbundenheit predigt, muss sich in erster Linie an seinem eigenen Handeln messen lassen. So auf dem Präsentierteller zu sitzen, ist natürlich alles andere als angenehm. Aber es ist der einzige Weg, sich als Führungskraft seiner Verantwortung zu stellen. Wir müssen den anderen zeigen, wohin die Reise gehen soll, und das vorleben, was wir von ihnen fordern. Nur so sind wir glaubwürdig und authentisch. Wir gehen mit gutem Beispiel voran – und hoffen darauf, dass viele andere uns folgen, weil sie uns vertrauen. »Der effektivste Weg zur Veränderung ist es, sich selbst in eine Krise zu begeben. Also sich selbst gedanklich in eine Situation zu versetzen, in der es unmöglich ist, den eigenen Denk- und Verhaltensmustern weiter zu folgen, und man gezwungen ist, sich neue Denk- und Verhaltensweisen anzutrainieren«, beschreibt Sven Jánszky die notwendige Lern- und Veränderungsbereitschaft von Führungskräften. »Wenn eine Führungskraft diese selbst herbeigeführte Krise erfolgreich managen kann, funktioniert es nach meiner Erfahrung auch mit der notwendigen Veränderung im Unternehmen auf lange Sicht.«

Es kann sehr befreiend sein, die Verantwortung bei einem Fehlschlag zu übernehmen, weil wir uns dadurch von der Schuldfrage lösen. Dabei geht es nicht darum, dass man sich als Führungskraft jedes Mal schützend vor die gesamte Mannschaft stellt und den Fehler auf die eigene Kappe nimmt. Das ist zwar manchmal unausweichlich, aber nicht die Regel. Der Fokus auf die Verantwortung jedes Einzelnen führt uns jedenfalls weg von der Schuldfrage, hin zu Handlungsspielraum. Wir erobern uns die Möglichkeit zurück, uns aus eigener Kraft aus der Misere zu befreien, indem wir uns auf die Dinge konzentrieren, die machbar sind.

Doch unsere Ansprüche an uns selbst und an unser Team sind manchmal so extrem, dass kein menschliches Lebewesen sie erfüllen kann. Niemand ist perfekt und wir alle werden Fehler machen. Damit entspannt umzugehen, befreit uns und gibt uns eine Chance, mit dem Thema Verantwortung in einer Krise besser umzugehen. Denn gerade in einer Krise kann es vorkommen, dass Menschen aufgrund von Ängsten und emotionalen Spannungen unpassend, also alles andere als perfekt reagieren. Indem wir Perfektion fordern, vergrößern wir die Versagensangst – und das lähmt alle Beteiligten. Es ist unendlich viel schwerer, die Verantwortung zu übernehmen, wenn die Messlatte übermenschlich hoch ist. Das traut sich doch logischerweise niemand zu, und es herrscht eine Stimmung, in der jeder befürchtet, nicht genug zu tun beziehungsweise den hohen Ansprüchen niemals genügen zu können.

Vor einigen Jahren sind wir kollektiv in die Perfektionismusfalle getappt, als wir ein Produktproblem zu lösen versuchten. Es wurden zahlreiche Lösungen diskutiert, die jedoch von den Mitarbeitern jedes Mal verworfen wurden, da sie aus ihrer Sicht nicht »perfekt« waren. Sie waren eben eher praktisch – hätten das Problem aber behoben. Doch das Team suchte verbissen nach der ultimativen Lösung, anstatt sich mit einer funktionierenden, schnell umsetzbaren Variante zufrieden zu geben. Besser wäre es in solchen Situationen natürlich, wenn wir uns schnell entscheiden, welche Lösung angemessen ist, und dann tun, was getan werden muss, – ohne uns groß darüber Gedanken zu machen, ob das jetzt wirklich hundertprozentig perfekt ist. Mutig mit achtzig Prozent zu starten ist immer noch besser, als ängstlich und perfektionistisch bei null Prozent Fortschritt hängenzubleiben.

## Stillstand beenden

Sobald etwas schiefgeht, lassen wir uns oft in einen Teufelskreis ziehen, indem wir mit der falschen Frage beginnen: »Warum nur?« Dann grübeln wir endlos lange darüber nach, warum das gerade jetzt, gerade uns, gerade unserer Firma oder gerade unserer Branche passiert. Das Problem dabei ist: Wir werden niemals eine befriedigende Antwort auf diese Frage finden. Es ist schlichtweg die falsche Fragestellung, die uns zwar ausreichend beschäftigt hält, aber niemals irgendwo hinführen wird. Sparen wir uns doch lieber in Zukunft diesen Umweg, der nur Energie frisst!

Klüger ist es, an dieser Stelle offen zu fragen, was wir aus der aktuellen Situation lernen können und wie unsere Entscheidungen uns selbstbestimmt wieder nach vorne bringen können. Das ist aktiv, während uns die endlose Frage nach dem Warum in der Passivität gefangen hält. Denn Fakt ist: Es ist etwas passiert. Das ist die neue Realität, die Vergangenheit ist vergangen. Wir können sie nicht mehr ändern. Wir müssen letzten Endes das Neue akzeptieren, unsere Schlüsse daraus ziehen und dann mit neuen Plänen und Strategien mit unserem Team gemeinsam voranschreiten. Auch Stephanie Steinleitner findet: »Man muss das Leben vorwärts leben und kann es nur rückwärts verstehen. Im Nachhinein war jeder Fehlschlag wichtig. Dadurch habe ich tiefgreifende Erkenntnisse und Lehren erfahren. Außerdem sind Misserfolge sehr wichtig für die Persönlichkeitsentwicklung. Wenn wir die Herausforderungen des Lebens annehmen und an ihnen wachsen, können wir die Besten werden, die wir sein können. Das sollte unser aller Bestreben sein, weil wir alle das Potenzial dazu haben.«

Zielführende Fragen sind dabei der Schlüssel zur Erkenntnis. Deshalb liebe ich Berater, die mich nicht mit ihrem theoretischen Wissen »zutexten«, sondern mich mit richtig guten Fragen quälen und herausfordern. Ich habe die Erfahrung gemacht, dass in jeder Situation, in der wir feststecken, an der Wurzel oftmals eine falsche Frage zu finden ist. In Krisenzeiten oder bei Fehlschlägen neigen wir dazu, ins Grübeln zu verfallen, wir ärgern uns schwarz über das, was passiert ist, wir lamentieren, wie elend doch alles ist, wir schlagen uns die Nächte um die Ohren mit der Frage, ob man das Ganze nicht hätte verhindern können, wenn man dies oder das anders gemacht hätte. Doch all dieses verkopfte Grübeln, all diese Was-wäre-wenn-Szenarien führen zu nichts. Sie blockieren uns nur.

Die elementare Frage in der Krisensituation ist doch: »Was müssen wir als Nächstes tun, um hier wieder rauszukommen? Was ist der sinnvolle Schritt nach vorne?« Bei der Beantwortung dieser Fragen kann uns vor allen Dingen die Reflexion helfen, also sich zurückziehen, sich beruhigen und die Lage von außen betrachten. So können wir zu einer sinnvollen Entscheidung kommen.

Eines habe ich über all die Jahre gelernt: Es gibt viele Sichtweisen der Wahrheit. In unserem Unternehmen arbeiten beispielsweise knapp zweihundert Mitarbeiter, und das bedeutet im Zweifelsfall zweihundert unterschiedliche Sichtweisen und zweihundert unterschiedliche Wahrheiten. Gerade uns Führungskräften erleichtert es das Leben enorm, wenn wir akzeptieren, wie viele Graustufen die Wahrheit doch hat. Wir können diese Unterschiedlichkeit entweder akzeptieren, respektieren und uns vielleicht sogar daran erfreuen oder aber wir können einen endlosen Kampf führen, auf dass unsere Wahrheit die Wahrheit aller wird – einen Kampf, den wir garantiert verlieren werden. Je entspannter es uns gelingt, mit dieser Vielfalt umzugehen, desto eher sind wir in der Lage, auch in unserer Verantwortung entschlossen zu handeln. Wohl wissend, dass es nicht die absolute Wahrheit und ebenso wenig die hundertprozentig richtige Entscheidung gibt (mehr dazu in Kapitel 6).

## In weiser Voraussicht
*Ein Gespräch mit Dieter Tost über Weitblick und Besonnenheit*

Dieter Tost ist seit über fünfunddreißig Jahren dabei, also ein »Lattoflex-Urgestein«, und leitet seit vielen Jahren den Vertrieb in der D-A-CH-Region. Er hat viel mit Kunden zu tun, mit dem Innendienst, der den Verkauf organisiert, und mit dem Außendienst, der die Kunden beglückt und für eine gute wechselseitige Beziehung sorgt. Er ist selbst ein bisschen verblüfft über seine lange Betriebszugehörigkeit, denn das war so eigentlich nicht geplant. Doch »irgendwelche geheimen Fußfesseln« hätten ihn an Ort und Stelle gehalten. Ich schätze an ihm besonders seine Loyalität zu unserem Unternehmen und der Marke Lattoflex sowie seine Ruhe besonders in hektischen Zeiten, die sich aus der gelebten Erfahrung und vielen Höhen und Tiefen der letzten Jahrzehnte speist. Er ist ein verlässlicher Fels in der Brandung und hat unser Unternehmen und die Wahrnehmung der Marke Lattoflex entscheidend mit geprägt.

*Gibt es aus deiner Erfahrung in der Führung Dinge, die man nacheinander tun sollte, wenn etwas nicht so läuft wie geplant? Haben sich bestimmte Verhaltensmuster für dich in der Krise bewährt?*
Das lässt sich schwer in ein, zwei oder drei Punkten darstellen, es kommt dabei auf eine ganze Reihe von Dingen an. Wir reden meistens über Ziele und über Misserfolge

im Zusammenhang mit Zielen, die nicht erreicht wurden. Aber eigentlich geht die Frage viel tiefer: Wie steckt man Ziele, die realistisch sind, deren Sinn erkennbar ist, sodass es den Mitarbeitern wichtig ist, diese Ziele auch wirklich zu erreichen?

Und dann muss man miteinander darüber reden, reden und nochmals reden – bei jedem Schritt. Nichtsdestotrotz kann es passieren, dass sich im Laufe der Zeit unerwartete Details zeigen und Dinge ergeben, an die man im Vorfeld einfach nicht gedacht hat und die dazu führen, dass irgendetwas schiefläuft.

*Was tust du konkret bei einer Krise oder
einem Fehlschlag?*
Auf keinen Fall dem ersten Impuls folgen. Der erste Impuls führt meistens in die Katastrophe. Der entsteht aus der Emotion und nicht aus der sachlichen Analyse. Besser ist es, zu kommunizieren, zuzuhören und die Kollegen und Mitarbeiter zu fragen: »Worin liegt deiner Meinung nach eine Lösung? Was könnte das Problem verkleinern?« Das heißt: Nicht sofort hektisch reagieren, sondern Meinungen einholen, verschiedene Sichtweise ergründen, die Lage analysieren und sich gegebenenfalls neu ausrichten.

*Worin liegt die Verantwortung von Führungskräften
in Bezug auf Krisen deiner Meinung nach?*
Als Führungskräfte müssen wir vorausschauend denken und handeln: Welche Hindernisse und Hürden sind in dieser oder jener Situation zu erwarten? Und wie können

wir sie von vornherein meiden oder überwinden? Ich persönlich versuche zu erahnen, was passieren wird. Oft genug ist es doch so: Wenn wir an unsere Ziele denken, deutet sich häufig schon an, an welchen Stellen es Konflikte, Probleme oder Fehlschläge geben könnte. Wenn diese Konflikte dann wirklich eintreten, bin ich mental darauf vorbereitet und habe bereits Ideen und Ansätze, die das Problem womöglich entschärfen können. Klappt zwar nicht immer, aber häufig.

Das gehört für mich aber auch dazu: Fehler machen – und das ist natürlich nicht nur auf die Führungskräfte beschränkt. Ich durfte in meiner Laufbahn hier im Unternehmen jede Menge Fehler machen und Erfahrungen sammeln, und ich sehe, wie andere Fehler machen, daraus lernen, sich wieder aufrappeln und eine passende Lösung finden. Aus Krisen jeder Art gehen wir in der Regel als Person gestärkt hervor. Das beeinflusst aber auch das Miteinander, das Vertrauen zueinander – sofern alle Beteiligten gut zusammenarbeiten und miteinander kommunizieren.

## Bevor es weitergeht

Für viele hat Verantwortung einen faden Beigeschmack von Schuld. Doch sobald wir erkennen, welche enorme Kraft darin liegt, wenn jeder im Rahmen seiner Möglichkeiten Verantwortung übernimmt, und wir uns endgültig von der Schuldfrage befreien, entsteht bald eine neue Leichtigkeit. Dann ist es nicht mehr so schwer, Verantwortungsbereiche abzustecken und dafür geradezustehen – weil uns keine Strafe droht, sondern wir auf Verständnis und Unterstützung bauen können. Jeder trägt so seinen Teil zur Abwendung einer Krise oder deren Auswirkungen bei.

Werfen Sie einen Blick auf vergangene Fehler und Rückschläge. Betrachten Sie ehrlich die damalige Situation. An welchem Punkt haben Sie Ihre Verantwortung geleugnet? Wo haben Sie einen Schuldigen gesucht? Und was können Sie daraus lernen, das ihnen helfen wird, zukünftige Krisen besser zu meistern?

Beobachten Sie das Verhalten Ihres Teams aufmerksam. Stellen Sie fest, wo Menschen feststecken, weil sie nicht die Verantwortung übernehmen wollen oder weil es endlose Diskussionen über die Schuldfrage und jede Menge Rechtfertigungen gibt. Finden Sie für sich einen Weg, die Konversationen in andere Bahnen zu lenken.

Nehmen Sie sich vor, bei der nächsten Krise ohne Wertung, Über- oder Untertreibung festzustellen, was das Problem ist, und die Frage nach der Verantwortlichkeit und ersten Schritten zu einer Lösung aufzuwerfen.

# 6

# ENTSCHEIDUNG

**Momente der Entscheidung
formen unser Schicksal.**

*Tony Robbins*

# SCHWEREN HERZENS

Bereits im Jahr 2008 hatten wir begonnen, an verschiedenen Standorten in Deutschland eigene Handelsgeschäfte aufzubauen, speziell in Städten, in denen wir keine unabhängigen Händler finden konnten, um unserer Marke mehr Bekanntheit zu verschaffen. Doch mit der Zeit gab es grundlegende Veränderungen im Markt, vor allem die Digitalisierung wirbelte das Handelsgeschäft durcheinander. Wir stellten fest, dass es zunehmend schwieriger wurde, die Läden adäquat zu betreuen und die Frequentierung auf einem wirtschaftlich akzeptablen Niveau zu halten.

Daher waren wir zehn Jahre später, im Jahr 2018, damit beschäftigt, ein völlig neues Onlinemarketingsystem aufzubauen, um unsere Produkte im Internet anbieten zu können. Dies erforderte von allen Abteilungen eine immense Kraftanstrengung, da nun über fünfzig Jahre alte Strukturen infrage gestellt wurden. Das bedeutete für mein Team und mich eine intensive Lernerfahrung. Wir waren es einfach gewohnt, direkt mit Händlern in Deutschland und auf der ganzen Welt Geschäfte zu machen. Zu diesem Zweck hatten wir eine nahezu perfekte Struktur entworfen, die uns über die Jahre so manche Auszeichnung einbrachte.

Jetzt einen völlig neuen Weg einzuschlagen, erforderte in allen Bereichen des Unternehmens, von der Produktentwicklung über die Logistik bis zum Verkauf, komplett neues

Denken und Verhalten. Und nichts ist für uns Menschen so unbequem, wie gewohnte Bahnen zu verlassen. Wir wurden unsanft aus unserer Komfortzone geschubst, aber das nahmen wir in Kauf. Die Zeit und die Energie, die wir in dieses für unsere Zukunft immens wichtige Projekt steckten, fehlte uns aber dann logischerweise für die Betreuung des stationären Handels. Allen war im Grunde klar, dass es mit dieser Doppelbelastung nicht weitergehen konnte.

Ich spürte, dass jedem im Team so langsam mulmig wurde. Ja, es manifestierten sich geradezu Schuldgefühle, wenn wir über die Zukunft unserer Handelsgeschäfte sprachen. In den Aufbau unseres eigenen stationären Handels hatten wir so viel Herzblut gesteckt und wir beschäftigten fantastische, extrem engagierte Mitarbeiter dort. Die konnten wir doch jetzt nicht einfach so vor die Tür setzen nach all den Jahren aufopferungsvoller Arbeit!

## Richtig oder falsch?

In meiner beruflichen Laufbahn, aber auch im privaten Bereich, musste ich wie jeder Mensch unangenehme und zum Teil auch harte Entscheidungen fällen. Sämtliche großen und kleinen Fragen im Leben basieren auf dieser tiefen Wahrheit: Egal ob es um den richtigen Partner, den richtigen Job, den richtigen Urlaubsort oder das richtige Auto geht – täglich müssen wir uns entscheiden. Gleiches gilt im Unternehmenskontext. Ob wir richtig oder falsch gewählt haben, werden wir nie wissen.

Knifflig wird es vor allem dann, wenn der Druck von innen wie außen so groß ist, dass man das Gefühl hat, egal was man macht, man entscheidet falsch. Wie oft habe ich nachts mögliche Alternativen gewälzt, statt zu schlafen, nur um morgens total gerädert aufzustehen und festzustellen, dass ich keinen Zentimeter weitergekommen war. Dazu gesellt sich dann dieser ungemütliche Zugzwang, denn eines ist sicher: Solange keine klare Entscheidung gefällt ist, geht nichts voran.

Doch wie sollte ich mich bloß entscheiden? Diese Bürde lag allein auf meinen Schultern, dafür trug ich die Verantwortung. Das war keine leichte Entscheidung – und ich machte sie mir selbst gewiss nicht leichter. Ich versuchte, alle Führungskräfte mit an Bord zu holen, um einen größtmöglichen Konsens zu haben. Mir war es sehr wichtig, sämtliche Gegenargumente von allen Seiten zu hören und zu gewichten. Es gab schließlich auch Ideen, die vorsahen, die Geschäfte mit einer neuen Strategie anders fortzuführen. Das wollte ich auf jeden Fall ausdiskutieren und die Optionen abwägen. Früher oder später mussten wir uns aber klar entscheiden. »Entscheidungen muss man am Ende nach Bauchgefühl treffen«, findet unser Verkaufsleiter Dieter Tost. »Mit Bauchgefühl meine ich, wirklich in sich zu gehen und zu fragen: ›Was ist aus meiner Sicht langfristig richtig?‹ Richtig im Sinne von ›der Sache dienlich‹.« Das beschreibt sehr gut die Basis, auf der wir letztlich unsere Entscheidung gemeinsam fällten.

Nach einer Auszeit in den Bergen zum Nachdenken setzte ich mich mit Dieter Tost zusammen. Ich wollte mit ihm die Frage diskutieren: »Wenn wir hier und heute, mit unserem derzeitigen Wissen über die aktuelle Entwicklung des stationären Handels, vor der Entscheidung stünden, ob wir an verschiedenen Standorten in Deutschland eigene Geschäfte eröffnen – was würden wir tun?« Wir waren uns beide schnell einig: Das würden wir unter den heutigen Voraussetzungen nicht mehr machen, weil es keine Zukunft hätte. Die Welt hat sich gewandelt und damit auch unsere Entscheidungsgrundlage.

Ich kann mich noch gut erinnern, dass mein Vater auch immer mal wieder für ein paar Tage in den Bergen unterwegs war. Ein Mal im Jahr bestieg er sogar einen Viertausender. »Da geht es nicht nur um die körperliche Betätigung – wir sind schließlich auch dazu verpflichtet, uns körperlich gesund zu verhalten, wenn wir Verantwortung übernehmen –, sondern es ist vor allen Dingen geistig etwas komplett Neues«, beschreibt er seine Beweggründe. »Das hört sich vielleicht merkwürdig an, und vielleicht kann es auch nur jemand wirklich nachvollziehen, der das selbst einmal ausprobiert: Aus viertausend Metern Höhe von oben auf die Probleme dieser Welt zu schauen, hat etwas Befreiendes und Berührendes. Jedes Mal nach meiner Rückkehr hatte ich eine neue Klarheit und eine veränderte Sicht, was meine eigenen Fehler und meine eigenen Probleme angeht.«

Über die Schwierigkeiten gerade in Krisensituationen sagt er: »In einer Krise besteht das große Problem darin, dass wir ein Teil dieser Krise werden. Selbst wenn wir dabei neue Strategien verfolgen, sehen wir das Ganze nur mit der Brille unseres Unternehmens – und das kann gefährlich werden. Darum glaube ich, dass man immer einmal wieder wie ein Adler sein muss, um aufzusteigen und von oben auf sein Unternehmen, auf seine neue Strategie und auf das, was man gerade Krise nennt – auch wenn heute viele Dinge als Krise bezeichnet werden, die gar keine Krisen sind –, herabzuschauen und sich ganz abstrakt vorzustellen, dass es nicht das eigene Unternehmen ist, sondern ein ganz anderes, und sich zu fragen: ›Wie schätzt du die Situation aus diesem Blickwinkel ein? Würdest du genauso entscheiden?‹ Ich führe auch Gespräche mit Menschen aus anderen Branchen und aus anderen Unternehmen – nicht um irgendetwas zu kopieren, sondern um mich loszulösen von meinem Denken und dem eigenen Unternehmen.«

## Die Illusion der richtigen Entscheidung

Wir entwarfen also einen Plan, um schnellstmöglich die Läden zu schließen, versuchten mit den Vermietern eine Regelung zu finden, um möglichst bald aus den Mietverträgen herauszukommen, und führten Gespräche mit den betroffenen Mitarbeitern, die in Kürze leider ihren Job verlieren würden. Diese Zeit war in jeder Hinsicht belastend. Wir mussten uns nicht nur von hoch engagierten Mitarbeitern trennen, sondern auch einen Traum aufgeben, an den wir jahrelang fest geglaubt hatten. Die Führungsriege musste viele Fragen beantworten – und die meisten davon waren eher unangenehm.

Es ist sinnlos zu sagen: Wir tun unser Bestes.
Es muss dir gelingen, das zu tun, was erforderlich ist.

*Sir Winston Churchill*

War die Entscheidung, sich von den Lattoflex-Geschäften zu trennen, richtig? Keine Ahnung. Es gibt schließlich kein Paralleluniversum, in dem wir die Auswirkung der verschiedenen Entscheidungsalternativen nach einem festgelegten Zeitraum von vielleicht zehn Jahren nachvollziehen könnten. Nur dann hätten wir einen echten Vergleich. So können wir uns höchstens eine individuelle Meinung dazu bilden, und meine persönliche Ansicht ist nach wie vor, dass diese Entscheidung richtig und wichtig für die Zukunftsfähigkeit unseres Unternehmens war.

Wir müssen uns von der Illusion trennen, jemals eine hundertprozentig richtige Entscheidung treffen zu können. Das ist schlichtweg unmöglich, weil zu viele Faktoren zu berücksichtigen sind – vor allem im Unternehmenskontext. Aber eines habe ich immer wieder eindeutig festgestellt: Eine klare Entscheidung befreit uns von der Unsicherheit, selbst wenn ihre Konsequenzen derzeit noch ungewiss ist. Und eine Entscheidung sorgt für Ordnung und Orientierung, auch wenn sie uns noch so schwerfällt.

Ich glaube, dass Führung genau hier ihren wahren Zweck erfüllt. In Zeiten, in denen unklar ist, wie es weitergehen soll, muss irgendjemand klipp und klar entscheiden, was getan werden soll. Dazu müssen sich Führungskräfte nur ihrer Verantwortung bewusst sein (siehe Kapitel 5). Für mich persönlich sind diese Erkenntnisse die zentralsten Lernerfahrungen im Umgang mit Krisen. Selbstverständlich werde ich mich immer bemühen, sämtliche Ratschläge, Zahlen, Daten und Fakten zu berücksichtigen, um eine möglichst kluge Entscheidung im Sinne des Unternehmens und zum Wohle meiner Mitarbeiter zu fällen. Aber ich habe immer im Hinterkopf, dass es dabei lediglich um eine Entscheidung geht und niemals um den Anspruch, das ultimativ Richtige tun zu müssen.

In einem Unternehmen tun wir gut daran, uns immer wieder bewusst zu machen: Entscheidungen schaffen Orientierung sowie Klarheit und definieren unseren zukünftigen Kurs.

# DER DREIKLANG
# DER FÜHRUNG

Immer wieder sitzen junge Führungskräfte vor mir, manchmal gerade mit dem Studium fertig, und sind begierig darauf, ihr Wissen in der Praxis umzusetzen. Ich habe mir über die Jahre angewöhnt, angehenden Führungskräften drei Fragen zu stellen. Die drei Aspekte, die ich auf diese Weise abklopfe, bilden für mich so etwas wie den »Dreiklang der Führung«. Ich bin davon überzeugt, dass man jedweden Fehler, den die Führung einer Abteilung oder gar eines ganzen Unternehmens gemacht hat, auf einen dieser drei Aspekte zurückführen kann. Daher ist es mir sehr wichtig, dass jede Führungskraft diese drei Fragen klar für sich beantwortet:

- Wollen Sie wirklich führen?
- Sind Sie bereit, unter allen Umständen zu entscheiden?
- Sind Sie bereit, unter allen Umständen zu handeln?

Führungswille, Entscheidungsfreude und Handlungsbereitschaft – oder Wollen, Entscheiden, Handeln – bilden den Dreiklang der Führung. Solange alles normal läuft, fallen diese drei Faktoren kaum ins Gewicht. Wenn es jedoch zu einer Krise kommt, sieht man sofort, welche Führungskraft diese drei Aspekte verinnerlicht hat und welche nicht.

## Führung wollen

»Führung muss man wollen!«, sagte einst Alfred Herrhausen, ehemaliger Vorstandssprecher der Deutschen Bank, der leider ein Opfer des RAF-Terrorismus wurde. Und er hatte recht. Ich glaube, wir würden die Führungskultur in unseren Unternehmen massiv verbessern – Gleiches gilt im Übrigen auch in unserer Gesellschaft und im politischen System –, wenn jeder, der in eine Führungsposition aufsteigen möchte, diese Frage für sich ehrlich beantwortet und im Zweifelsfall die Finger davon lässt. Die Karriereleiter zu erklimmen, mehr Gehalt zu verdienen und zusätzlich den einen oder anderen Bonus einzustreichen, mehr Anerkennung zu ernten – all das ist zweifelsohne verlockend, wenn eine Beförderung ins Management ansteht. Doch meines Erachtens sollten die Überlegungen tiefgründiger sein, wenn wir uns dafür entscheiden wollen, andere Menschen zu führen.

Tatsächlich ist es mir bisher nur ein einziges Mal passiert, dass eine Führungskraft in spe, der ich diese Fragen gestellt hatte, auf mich zukam und sagte: »Danke, dass du mich das gefragt hast, Boris. Ich habe eine Nacht darüber geschlafen und erkannt, dass ich gar nicht ins Management will.« Ich habe Hochachtung vor dieser Person, denn diese Erkenntnis erfordert Selbstreflexion, und nicht jeder hat so viel Weitsicht, eine Beförderung abzulehnen, weil sie bei genauerer Betrachtung nicht seiner Persönlichkeit entspricht. Ich finde das bewundernswert. Denn eines ist sicher: Eine Führungsperson zu sein hat einen Preis und diesen muss man bereit sein zu zahlen. Zumindest wenn man ernsthaft führen will.

Wie sich das Leben und die Menschen entwickeln, ist ungewiss. Ich habe es oft erlebt, dass Menschen sich anders entwickeln als ich oder vielleicht sogar sie selbst es absehen konnten. Lebenssituationen verändern sich, Träume und Wünsche entstehen – und oft ändert sich damit auch unsere innere Einstellung und damit unsere Prioritäten im Leben. So kann es durchaus passieren, dass nach einiger Zeit das klare »Ja, ich will führen« zu einem »Vielleicht lieber doch nicht« wird. Ich glaube, auch hierfür müssen wir ein offenes Auge haben und zur Not eingreifen, also mit den Betreffenden ins Gespräch kommen und frühzeitig Optionen zur Weiterentwicklung oder Veränderung ausloten. Die Augen davor zu verschließen, dass das Leben und die Menschen sich kontinuierlich verändern, bedeutet am Ende große Unklarheit in der Führung. Deshalb versuche ich mir im Führungsalltag diese Frage immer wieder neu zu stellen.

Der Preis der Führung ist, immer und überall – vor allem in Krisensituationen – an der Spitze zu stehen. Dort bekommt man die Konsequenzen seiner Entscheidungen hautnah zu spüren und trägt die große Verantwortung, die Belegschaft vor den Auswirkungen weitgehend zu schützen. Als Führungskräfte sind wir also Rammbock und Schutzschild zugleich. An uns orientieren sich die Teammitglieder, wenn es hart auf hart kommt und sie nicht mehr weiterwissen. Wenn eine Mannschaft beim Fußball 0:3 hinten liegt, schauen in der Halbzeitpause in der Kabine alle auf den Trainer. Und so ist es auch im Unternehmen. Wenn sich also jemand hinstellt und sagt: »Ja, ich will führen!«, so muss dies ein klares Bekenntnis sein, dass diese Entscheidung für gute wie schlechte Zeiten gilt – ähnlich wie ein Eheversprechen, bei dem wir uns vor aller Augen gegenseitigen Beistand zusichern. Wer eine unüberlegte Entscheidung fällt oder glaubt, seine Führungsaufgabe und Führungsverantwortung auf die leichte Schulter nehmen zu können, tut weder sich noch seinen künftigen Mitarbeitern einen Gefallen.

## Entscheiden wollen

Wie bereits gesagt ist eine Hauptaufgabe von Führung, in unklaren Situationen für Klarheit durch eine Entscheidung zu sorgen. Jede angehende Führungskraft sollte sich demnach fragen, ob sie bereit ist, unter allen Umständen eine Entscheidung herbeizuführen und die Verantwortung dafür zu übernehmen. Wer von der Persönlichkeit her eher ängstlich, harmonieliebend oder unentschlossen ist, bringt vermutlich (noch) nicht das richtige Rüstzeug dafür mit. Um dies zu erkennen, bedarf es einer ehrlichen Analyse des eigenen Charakters – ohne jede Wertung. Jeder Mensch ist in meinen Augen wertvoll, so wie er ist. Dennoch ist der eine im Management besser aufgehoben als ein anderer, der sich dort am Ende unwohl, verloren oder überfordert fühlt.

Krisen machen wie mit einem Vergrößerungsglas überdeutlich, ob eine Führungskraft sich dieser inneren Bereitschaft für Entscheidungen wirklich gestellt hat. Ich habe so oft erlebt, dass Mitarbeiter in Krisensituationen schier verzweifeln, weil Führungskräfte sich um klare Entscheidungen drücken.

Natürlich muss man vor einer Entscheidung das Für und Wider abwägen und sich bemühen, eine möglichst kluge und sachdienliche Entscheidung zu fällen. Es geht hier ja nicht darum, einfach nur irgendwie zu entscheiden. Dann könnte schließlich auch irgendwer einfach eine Münze werfen. »Ein wichtiger Punkt ist für mich, Entscheidungen so zu treffen, dass sie nicht in eine Sackgasse führen, aus der es kein Zurück mehr gibt«, erklärt Dieter Tost sein Vorgehen als Führungskraft. »Wenn die Entscheidung, die ich jetzt treffe, suboptimal ist, muss ich in der Lage sein, eine weitere Entscheidung nachzusetzen oder einen Schritt zurückzugehen.«

Entscheidungen steigern nicht unbedingt die eigene Beliebtheit. Das muss sich jeder, der andere führen will, klarmachen. Dies ist der Preis, den es zu zahlen gilt, wenn man sich für die Führungsaufgabe entscheidet. Als Führungskräfte brauchen wir uns also nicht zu wundern, dass so manche Entscheidung nicht – oder zumindest nicht sofort – beim gesamten Team auf Gegenliebe stößt. Widerstand gehört nun einmal dazu. Wir müssen damit umgehen lernen. »Die Entscheidung darf nie abhängig sein von der Frage: ›Bekomme ich dafür jetzt Beifall oder Proteststürme?‹«, betont Dieter Tost. »Das sind erste Reaktionen, die vergehen. Man muss sich vielmehr überlegen, was das langfristig Richtige ist.« Das ist der springende Punkt: Wir müssen Entscheidungen auf lange Sicht betrachten und als Führungskräfte vorausschauend denken – und handeln.

## Handeln wollen

Mit einer klaren Entscheidung in einer Krise allein ist zwar der erste Schritt getan, aber dann müssen wir auch ins Handeln kommen. Entscheidungen haben Konsequenzen, für die Lösung des Problems müssen zeitnah zielführende Maßnahmen beschlossen und umgesetzt werden. Es gab in den vergangenen fünfundzwanzig Jahren unzählige Situationen, in denen allen Beteiligten glasklar war, was jetzt getan werden musste, doch niemand nahm aktiv das Heft des Handelns in die Hand. Im Grunde müsste jede Ausbildung von Führungskräften meiner Meinung nach mit dem alten Nike-Werbespruch enden: »Just do it!« – Tu es einfach!

Ähnlich wie bei der Entscheidungsfindung ist auch das Handeln ein innerer Prozess, ein Willensakt. Es ist ein aktiver Vorgang, sich selbst und sein Team in Bewegung zu setzen. Gerade in Krisenzeiten neigen Menschen zu Erstarrung und zum Wegsehen. Diese Erstarrung muss eine effektive Führungskraft überwinden können. Dafür gibt es leider wie so oft kein einheitliches Schema. Ja, es hängt ein bisschen von der Führungspersönlichkeit ab und welche Energie die Führungskraft ausstrahlt – manche würden es vielleicht Charisma nennen. Wie auch immer man es bezeichnet, ich glaube auch, dass es wichtig ist, die

Mitarbeiter den eigenen Tatendrang spüren zu lassen. Wie immer müssen wir als Führungskräfte den ersten Schritt tun und unsere Zuversicht auf die anderen übertragen. Wir können nur hoffen, dass der Funke überspringt, und immer wieder Impulse setzen, egal ob im Meeting oder im Einzelgespräch, die es dem Einzelnen erleichtern, ins Handeln zu kommen.

Deshalb gilt mein Fokus bei der Ausbildung von Führungskräften vor allen Dingen diesen drei Wesensmerkmalen. Wenn eines fehlt, wird es schwierig, mit Leichtigkeit eine Krise zu durchschreiten.

Es gibt keine schlechten Mannschaften, Marschall.
Es gibt nur schlechte Offiziere.

*Napoleon I. Bonaparte*

### Klare Entschlüsse
*Ein Gespräch mit Vanessa Weber über
Entscheidungsfreude und Konsequenzen*

Vanessa Weber ist Inhaberin und Geschäftsführerin von
Werkzeug Weber, einem Werkzeughandel in Aschaffen-
burg mit rund fünfundzwanzig Mitarbeitern. Sie leitet das
Unternehmen nunmehr in der vierten Generation. Nachdem sie das Unternehmen als Achtzehnjährige übernommen hatte, steigerte sie den Umsatz im Laufe der Jahre um
das Fünffache, von knapp unter zwei auf jetzt über zehn
Millionen Euro.

Jetzt ist sie Ende dreißig und hält mittlerweile Vorträge,
um anderen Menschen Mut zum Unternehmertum zu
machen. Sie möchte vor allem Frauen motivieren, sich der
Verantwortung in der Führung zu stellen. Sie selbst bezeichnet sich als »Macherin« und engagiert sich in ihrer Freizeit
für zahlreiche soziale und gesellschaftliche Projekte.

*Ich finde es bemerkenswert, wie früh du ins Geschäfts-
leben eingestiegen bist. Du warst erst achtzehn Jahre
alt, als du in eurem Werkzeughandel die Nachfolge
angetreten hast. In dem Alter haben die meisten jungen
Leute noch Flausen im Kopf. Wie kam es denn zu
diesem Entschluss?*
Ein früher Einstieg ins Familienunternehmen ist bei uns
tatsächlich nicht so ungewöhnlich. Mein Vater musste nach
dem plötzlichen Tod meines Großvaters schon mit sieb-

zehn Jahren zum Teil die Geschäfte leiten. Er wollte daher die Firmenübergabe frühzeitig, strukturiert und langfristig planen. Ganz ungezwungen, als wir mal gemeinsam im Biergarten saßen, fragte er mich, ob ich die Firma übernehmen wolle. Wenn nicht, würde er sie eben verkaufen. Ich habe in dem Moment ehrlich gesagt gar nicht groß nachgedacht und spontan Ja gesagt, ohne genau zu wissen, was da auf mich zukommen oder welche Konsequenzen das nach sich ziehen würde.

Ich war gerade mal achtzehn Jahre alt, hatte eine Ausbildung als Groß- und Außenhandelskauffrau bei einem Dekorationsgroßhandel absolviert und wollte eigentlich BWL studieren – und so nebenbei in den Familienbetrieb reinschnuppern. Das war der grundlegende Plan. Aber dann bekam mein Vater gesundheitliche Probleme und ich musste die Nachfolge antreten. Das bedeutete dann also kein Studium, sondern sozusagen eine interne Weiterbildung: Ich war in den nächsten drei Jahren damit beschäftigt, alle Abteilungen des Unternehmens zu durchlaufen und jede Menge zu lernen. Mit zweiundzwanzig Jahren übernahm ich dann die Geschäftsführung komplett.

*Hast du dich jemals gefragt, was aus dir geworden wäre, wenn du dich gegen das Unternehmertum entschieden hättest? Und würdest du mit deinem heutigen Wissen in puncto Unternehmensnachfolge oder Führung etwas anders machen?*
Natürlich denkt man mal darüber nach, was gewesen wäre, wenn man anders entschieden hätte, oder man malt sich

aus, wie das Leben stattdessen hätte verlaufen können. Zugegeben, meine Zukunftsplanung sah damals schon etwas anders aus. Dennoch habe ich den Schritt ins Unternehmerdasein nie bereut.

Was ich mittlerweile aber jedem angehenden Unternehmensnachfolger empfehle: sich ausreichend Zeit für eine so einschneidende Veränderung zu nehmen. Man muss schon gründlich überlegen und abwägen vor der Entscheidung. Bevor man die Nachfolge antritt, sollte man sich einerseits die Chancen bewusst machen, aber eben auch die Einschränkungen und Verpflichtungen, die damit verbunden sind. Unternehmergeist zu haben ist natürlich eine Grundvoraussetzung, aber man braucht auch Zeit, um in so eine große Verantwortung reinzuwachsen.

Ja, in meinem Fall hat sich alles gut gefügt und gut entwickelt, aber aufgrund der gesundheitlichen Situation meines Vaters musste ich einfach direkt zu hundert Prozent einsteigen. Im Nachhinein betrachtet hätte mir im Vorfeld eine kleine Auszeit gutgetan, um ganz in Ruhe zu meiner Entscheidung zu kommen und alles zu durchdenken.

*Bei der Nachfolgeregelung bei Lattoflex war ich sehr dankbar, dass mein Vater mir unmissverständlich die Leitung des Unternehmens übertragen hat. Wie war das bei dir?*

Was ich meinem Vater hoch anrechne, ist, dass er mir von Anfang völlig freie Hand ließ, auch wenn es mal schiefging. Er ist schon ein kritischer Zeitgenosse, aber grundsätzlich offen für neue Ideen. Selbst wenn er im ersten Moment skeptisch war, hätte er sich niemals in der Form eingemischt, dass ich etwas nicht hätte machen dürfen, weil er das nicht zugelassen hätte. Ich hatte die volle Entscheidungsgewalt – was einerseits hieß, dass ich jede Entscheidung treffen konnte, die ich für richtig hielt. Andererseits musste ich für diese Entscheidung dann aber auch geradestehen. Es ist eine große Verantwortung, keine Frage.

*Wie triffst du denn in der Regel deine Entscheidungen? Geplant und durchdacht oder eher aus dem Bauch heraus? Und wie gehst du mit Fehlentscheidungen um?*
Im Privatleben bin ich manchmal total zögerlich, keine Ahnung warum. Da sitze ich manchmal vor der Speisekarte und überlege gefühlt stundenlang, was ich bestellen soll. In anderen Fällen bin ich total impulsiv. Es gibt ja Leute – und da werde ich schier wahnsinnig! –, die wollen sich beispielsweise ein neues Handy kaufen und dann wird erst mal analysiert, welcher Vertrag am besten ist, welches Gerät die längste Akkulaufzeit hat, wie sich die Displayhelligkeit einstellen lässt, welche Speicherkapazitäten zur Auswahl stehen und so weiter. Ich sage: »Oh, das da gefällt mir. Gekauft!«

Im Unternehmen dagegen liegt zum Beispiel ein Angebot vor und im Bruchteil einer Sekunde weiß ich, ob ich das machen will oder nicht. Je wichtiger die Entscheidung ist, desto sicherer bin ich mir sogar. Jetzt kann man sich natürlich fragen, ob das im unternehmerischen Kontext »richtig« oder »falsch« ist, aus dem Bauch heraus zu entscheiden. Ich muss sagen: Bisher hat es sehr gut funktioniert.

Sicher habe ich die eine oder andere Fehlentscheidung getroffen, allerdings überwiegend in personeller Hinsicht. Das liegt, glaube ich, an meinem Urvertrauen in die Menschheit. In der Hinsicht bin ich vielleicht zu gutgläubig, da musste ich dazulernen. Manchmal sollte ich echt ein bisschen kritischer sein bei meinen Mitmenschen. Dennoch bin ich weiterhin optimistisch – und ich werde auch wesentlich öfter positiv überrascht als enttäuscht.

*Was würdest du gerne Unternehmern oder Führungs-kräften mit auf den Weg geben?*
Es ist sehr wichtig, die eigenen Kompetenzen zu kennen – und sich gezielt da Hilfe zu holen, wo man Lücken hat, oder sich entsprechend weiterzubilden. Persönliche Weiterentwicklung ist für mich ohnehin ein Dauerthema.

Wenn man seine Stärken und Schwächen ausgelotet hat, sollte man sein Team so gestalten, dass es am Ende auch »rund« ist. Es hilft, sich mit Leuten austauschen zu können, die andere Stärken und Schwächen und damit einfach eine andere Perspektive haben als man selbst. Sparrings-partner sozusagen, die einen ergänzen. Das können erfahrene Vertrauenspersonen oder Mentoren sein, die man bei schwierigen Entscheidungen konsultieren kann, aber eben auch die eigenen Führungskräfte und Mitarbeiter. Sie alle können eine andere Sichtweise und hilfreiche Argumente beisteuern.

# REVOLUTION
## AUS BREMERVÖRDE

1935 war kein gutes Jahr, um eine Firma zu gründen. Zwei Jahre zuvor hatte die NSDAP die Macht in Deutschland übernommen und errichtete eine Diktatur, die – wie wir alle wissen – mit besonderer Härte gegen politische Gegner vorging. Das wusste damals auch schon mein Großvater Karl Thomas, der ebenso wie meine Großmutter Anneliese der deutschen Jugendbewegung, speziell der Sozialistischen Arbeiterjugend, kurz SAJ, entstammte. Nichtsdestotrotz machte er sich selbstständig und gründete die Möbelwerkstatt Karl Thomas in Bremervörde.

Doch das Timing war dafür mehr als ungünstig, und so wurde Großvaters Unternehmen gleich wieder geschlossen. Speziell seine Zusammenarbeit mit Heinrich Vogeler, einem kommunistischen Künstler aus dem Teufelsmoor bei Bremen, war ihm zum Verhängnis geworden. Während Heinrich Vogeler nach Moskau flog, um Plakate für Stalin zu malen, wanderte mein Großvater in den Knast und kam später an die Ostfront.

Das waren harte Zeiten, in denen meine Großmutter zwei Kinder durch die Kriegswirren bringen musste. Sie zog zu Verwandten ins nahe Harsefeld und dort wartete die kleine Familie auf das Ende des Krieges und die Rückkehr des Ehemanns und Vaters aus britischer Kriegsgefangenschaft.

Nach dem Krieg war mein Großvater fest entschlossen, sein Unternehmen wieder aufzubauen. Durch einen glücklichen Zufall lernte er den Schweizer Hugo Degen kennen. Dieser hatte für seine rückenkranke Frau ein spezielles Bett entwickelt – und zusammen mit meinem Vater Wilfried Thomas entwickelte und baute er in Bremervörde in den 1960er Jahren den ersten Lattenrost der Welt. »Lattoflex« sollte er heißen und die drei Unternehmer versprachen sich Großes davon. Immerhin gab es schon damals genug Menschen mit Rückenproblemen, wenn auch nicht so viele wie heutzutage. Da sollte doch ein Bett gegen Rückenschmerzen reißenden Absatz finden! Tja, aber leider war das Gegenteil der Fall.

Die Idee, auf aneinandergereihten Holzlatten zu schlafen, wurde verlacht; kaum jemand wollte das neue Produkt kaufen. Die Menschen dachten bei Holzlatten wohl eher an Gartenzäune als an eine gemütliche und entspannende Schlafunterlage. Als »Lattenclowns« wurden mein Vater und Großvater damals verspottet, und die traditionellen Matratzenhersteller mit ihren Matratzen aus Metallfedern legten sich mächtig ins Zeug, um die revolutionäre Entwicklung aus Bremervörde aufzuhalten. So gab es gezielte Falschmeldungen in der Presse und man versuchte Händler, die mit unserer Firma arbeiten wollten, zu verunsichern. Es folgten zehn sehr mühevolle und zermürbende Jahre. Dennoch entstand aus diesem schwierigen Start ein Mythos, eine ganz spezielle Unternehmenskultur, die genau in diesen schwierigen Jahren und endlosen Krisen ihre Wurzeln gefunden hat (mehr dazu in Kapitel 7).

# WAHRE FÜHRUNGSSTÄRKE

Gerade in Krisenzeiten höre ich das Wehklagen von Unternehmerkollegen bei Zusammenkünften: »Meine Mitarbeiter sollten mal etwas mutiger sein!«, »Meine Mitarbeiter sollten mehr Neues wagen!«, »Ich habe die falschen Leute an Bord – die haben keine Lust auf Veränderung!« et cetera. Ich habe über die Jahre festgestellt: Ein Unternehmer hat immer genau die Mitarbeiter, die er auch verdient! Ich weiß, dass ich mich mit dieser Aussage nicht gerade beliebt mache, aber wenn wir selbst ängstlich und verzagt sind und uns nicht entschlossen auf Veränderungsprozesse einlassen, dürfen wir dies nicht von unserem Team erwarten. Sind wir hingegen bereit, die nächsten Schritte auch bei größter Unsicherheit mutig anzugehen, zieht unser Team eher vertrauensvoll mit – sofern die Basis stimmt (siehe Kapitel 4). Wenn ein und dieselben Führungskräfte über Jahre und Jahrzehnte immer dieselben Klagen über ihre Mitarbeiter haben – zu ängstlich, zu unentschlossen, zu passiv –, die Mitarbeiter kommen und gehen, aber die Klagen dauerhaft identisch bleiben, stellt sich doch irgendwann die Frage: »Wer oder was ist der gemeinsame Nenner?« Führung ist demzufolge immer auch eine Frage der Persönlichkeit und der Persönlichkeitsentwicklung.

Ich vermute, dass diese Erkenntnis reichlich unbequem für viele Führungskräfte sein dürfte. Denn wer sie verinnerlicht, hat keine Chance mehr, über seine »falschen« Mitarbeiter zu jammern, da er selbst für die Zusammenstellung seines Teams verantwortlich ist. Zugegeben, manchmal gibt es den einen oder anderen Manager oder Mitarbeiter, der einfach nicht ins eigene Team passt. Aber dann muss die Führungskraft dafür ebenfalls eine angemessene Lösung finden oder anders ausgedrückt: eine klare Entscheidung treffen.

In guten Zeiten können wir eine Menge sozialen Klebstoff verwenden, wie etwa Partys feiern und das Team zum Essen einladen, um die Brüche und die schlechte Stimmung kurzfristig zu kitten. Aber wenn in einer Krisensituation die Nervosität steigt und Angst ins Spiel kommt, wird deutlich, dass der Zusammenhalt fehlt, den wir dringend bräuchten, um diese Krise halbwegs unbeschadet durchzustehen. Gerade dann kann es zu Konflikten kommen, weil wir versuchen, Probleme zu lösen, wo eigentlich gar keine sind. Wir beginnen an den Mitarbeitern herumzudoktern, obwohl wir als Führungskräfte eigentlich gefragt wären, Ordnung und Orientierung schaffen.

## Zuckerbrot und Peitsche

Wenn der Umsatz sinkt und die Planzahlen in weite Ferne rücken, steigt der Stresspegel an und es wird eine schnelle Lösung gesucht. Anstatt sich hinzusetzen und in Ruhe zu schauen, was wirklich vor sich geht, also den wahren Kern des Problems zu analysieren und daraus kluge Entscheidungen abzuleiten, greift eine unsichere oder unerfahrene Führungskraft gerne zu Methoden der Manipulation und Kontrolle, auch bekannt als Zuckerbrot und Peitsche. Die Möhre vor der Nase soll den Esel zu mehr Leistung antreiben. Unterschwellig schwingt dabei meiner Meinung nach immer die Botschaft mit: »Ich vertraue nicht darauf, dass du dich von selbst in die gewünschte Richtung bewegst, deshalb muss sich etwas nachhelfen.« Ich weiß, das klingt etwas hart, aber das ist die ungeschminkte Wahrheit. Und in vielen Firmen hat sich dieses System der Manipulation bis heute kaum verändert.

Ich habe schon vor vielen Jahren variable Gehälter und Prämiensysteme komplett abgeschafft, weil ich glaube, dass erwachsene Menschen nicht auf diese Art und Weise miteinander umgehen sollten. Es entspricht einfach nicht meinem Wertesystem, und endlose quälende Jahresgespräche über die Höhe von Prämien haben mich zermürbt. In meinen Augen zerstört gerade in Krisenzeiten ein Anreizsystem die Eigeninitiative der Mitarbeiter, von sich aus leidenschaftlich an einer Lösung des Problems mitzuwirken.

## Misstrauen und Kontrolle

Wie wichtig Vertrauen und zwischenmenschliche Beziehungen gerade in Krisenzeiten sind, haben wir in Kapitel 4 gesehen. Diese wichtigen Säulen der Unternehmenskultur können durch unseren Führungsstil nachhaltig erschüttert werden. Jede Entscheidung darüber, wie wir führen oder auch nicht führen, hat ihren Preis. Das müssen wir uns bewusst machen, wenn wir eine nachhaltige Veränderung herbeiführen oder ergründen wollen, warum es im Unternehmen nicht wie gewünscht läuft.

Nicht selten erhöhen Unternehmen in Krisenzeiten die Kontrolle. Plötzlich muss jede Quittung nachgewiesen und jede Zahl doppelt und dreifach kontrolliert werden. Niemand darf mehr eigenverantwortlich handeln – immer mit dem Hinweis darauf, dass die Krise nur durch ein Höchstmaß an Kontrolle überwunden werden könne. Sie fangen an, ihren Mitarbeitern, die jahrzehntelang ohne Fehl und Tadel ihren Job erledigt haben, mit strengem Blick über die Schulter zu schauen und jeden ihrer Handgriffe zu kontrollieren. Warum nur?

Ein Coach sagte einmal zu mir: »Kontrolle ist der schlimmste Troll von allen!« Was er damit meinte, war, dass die Basis von Kontrolle immer Angst ist. Wir haben Angst, dass die Krise noch schlimmer wird und der Fehlschlag sich ausweitet. Und aus dieser Angst heraus handeln wir unüberlegt. Auch dieses Verhalten zerstört die Vertrauensbasis nachhaltig. Es ist unglaublich schwer und aufwändig, sie wieder zu kitten. Und manchmal vielleicht sogar unmöglich.

# VERTRAUENSVOLLE
# FÜHRUNG

Ich habe mich oft gefragt, warum und ob es überhaupt einer Führung bedarf. Mal ehrlich: So ziemlich jeder Mitarbeiter im normalen Tagesgeschäft kann seine Aufgabe auch ohne Management erledigen. Niemand braucht einen Vorturner, der dem Team oder den einzelnen Mitarbeitern sagt, was sie wann zu tun oder zu lassen haben oder wie sie ihren Job machen sollen. Ich bin mir sicher: Führungskräfte tun gut daran, ihre Mitarbeiter in guten Zeiten einfach machen zu lassen. Nichts ist schlimmer und zerstört die Kultur mehr als ein Vorgesetzter, der sich permanent und ohne Anlass in die Prozessabläufe und Arbeitsweisen der Mitarbeiter einmischt. Manager sollten im Tagesgeschäft unsichtbar sein und ihr Team möglichst nicht stören.

In meinem Team können die meisten Mitarbeiter ihre spezifischen Aufgaben wesentlich besser erledigen, als ich es je könnte. Ich habe beispielsweise keinen blassen Schimmer, wie man einen Auftrag für ein Lattoflex-Bett in der Warenwirtschaft erfasst. Ich weiß auch nicht, was eine Druckerei braucht, um unsere Werbeflyer zu drucken, oder wie man ein neues Produkt mit einer Artikelnummer in unserer Fertigungssoftware anlegt. Für all diese Dinge bin ich komplett überflüssig. Und das ist auch gut so. Mein Ziel war es immer, mich als Führungskraft möglichst überflüssig zu machen – zumindest was das Tagesgeschäft angeht.

Ich bin davon überzeugt, dass jeder meiner Mitarbeiter weiß, was er zu tun hat. Da muss ich nicht den Kontrolletti spielen, und dafür fehlt mir im Grunde auch die Zeit.

Nichtsdestotrotz bleibt die Frage, wofür Führung eigentlich da ist. Meine Antwort hat sich über die Jahre herauskristallisiert: Führung muss entscheiden, wenn niemand sonst entscheidet. Führung hat die Verantwortung, für Klarheit zu sorgen, wenn Unklarheit herrscht und niemand weiß, wo es in der aktuellen Situation oder in Zukunft langgeht. Bildlich gesprochen: Solange die Sicht klar und die See ruhig ist, kann sich der Kapitän auf die Arbeit seiner Mannschaft verlassen. Wenn jedoch der Sturm tobt, die Wellen das Schiff hin und her werfen, es Leck schlägt und die Mannschaft hektisch oder panisch reagiert, gehört der Kapitän auf die Brücke und muss klare Anweisungen machen und die Richtung vorgeben. Sonst drohen Schiffbruch und Untergang.

Ganz wichtig dabei: Die Menschen müssen uns nicht folgen, sie müssen unsere Entscheidungen nicht mittragen. Dazu sind sie nicht verpflichtet. Als Führungskräfte sind wir daher aufgefordert, Menschen zu Mitspielern, zu Beteiligten zu machen. Ich habe oft die Erfahrung machen dürfen, dass selbst unangenehme Entscheidungen von Mitarbeitern mitgetragen werden, wenn sie das Gefühl haben, transparent, ehrlich und mit einer tiefen Wahrhaftigkeit informiert und miteinbezogen worden zu sein.

Das geht weit darüber hinaus, ein intelligentes Memo an alle Mitarbeiter zu schreiben, in dem man in wohlfeilen Worten für harte Entscheidungen wirbt. Es ist auch viel mehr nötig als eine sachliche, unpersönliche und distanzierte Telefonkonferenz oder ein Skype-Meeting. Die Menschen müssen emotional berührt werden. Und dies geht nur von Mensch zu Mensch und mit schonungsloser Offenheit – im positiven Sinne. Es ist diese Offenheit, die dann am Ende zu mehr Vertrauen führt, sodass gar nicht erst die Frage aufkommt, ob man auch wirklich die ganze Wahrheit zu hören bekommen hat. Es ist das Gefühl, ernst genommen zu werden. Und zu keinem Zeitpunkt ist dieses Gefühl so wichtig wie in einer Krise.

## Zwei Ebenen

Bei einer Entscheidung gibt es immer zwei Ebenen zu berücksichtigen. Zum einen das konkrete Handeln im Außen, denn natürlich muss etwas getan werden: Abteilungen werden umstrukturiert, Organigramme neu gezeichnet, Kundenakquiseprogramme gestartet oder eine neue Werbekampagne initiiert. All das ist richtig und wichtig. Damit das alles reibungslos laufen kann, ist ein guter Draht der Beteiligten untereinander hilfreich. Wir kennen es alle zur Genüge: Manchmal läuft alles wie am Schnürchen, wenn wir aufgrund einer Krise Veränderungen anstoßen. Die Dinge fügen sich wie von selbst an ihren Platz, obwohl noch nichts wirklich organisiert oder Zuständigkeiten in einem Projekt verteilt sind. Und manchmal knirscht und quietscht es von Anfang an, und das obwohl sich die konkreten Maßnahmen kaum unterscheiden.

Viel entscheidender für den Erfolg oder Misserfolg einer Veränderungsmaßnahme ist die emotionale Ebene, die oftmals zu wenig beachtet wird. Wir sehen nur die Manifestation im Außen: Widerstand. Wie oft haben wir schon erlebt, dass wir das Richtige tun oder sagen, ohne dass es die gewünschte Wirkung hat. Dann fangen wir an zu kämpfen und haben das Gefühl, mit unseren hehren Zielen mit Karacho gegen eine Mauer zu knallen. Um die wahre Ursache für den Widerstand zu ergründen, müssen wir meiner Erfahrung nach tiefer graben: Gibt es unbewusste Sorgen und nicht ausgesprochene Ängste? Aus welchem Blickwinkel betrachten die Beteiligten die Veränderung? Wie steht es um die Vertrauensbasis und die zwischenmenschlichen Bindungen? All diese Dinge lassen sich nur schwer greifen und stehen in keiner Bilanz – und doch entscheiden sie stärker über den Erfolg von Veränderungsprozessen in einer Krise als alles andere. Wir sind eben keine rein rationalen Wesen, die durch und durch vernünftig handeln. Wir brauchen das Gefühl von Wertschätzung, Verbundenheit, Vertrauen und Sicherheit, um uns wohlzufühlen und aus dieser Kraft heraus zu handeln. Gerade wenn die Veränderungen groß sind und alles infrage gestellt wird, woran wir bisher geglaubt haben, braucht es eine Menge Vertrauen des Einzelnen, dass alles am Ende gut wird. Diese energetische Ebene ist meiner Erfahrung nach stärker als alle gut gemeinten und wohldurchdachten Strategiepapiere.

Deshalb ist es wichtig, die eigene Wahrnehmung für diese tiefere emotionale Ebene zu schulen und zu spüren, wo das Team steht, welche Sorgen es hat und wo sich unausgesprochene Sorgen oder Ängste breitmachen. Dann ist es die Aufgabe der Führung, diese mitunter heiklen Themen behutsam anzusprechen, Zweifel auszuräumen und so die erfolgreiche Umsetzung einer Entscheidung zu erleichtern.

## WERTVOLLE ENTSCHEIDUNGSHILFE

Eine Entscheidung eröffnet uns die Chance, etwas Neues zu entwickeln. Keine Entscheidung und damit Erstarrung vergrößern hingegen die Unsicherheit. Die beste Entscheidungshilfe, die wir bislang gefunden haben und bis heute praktizieren, ist die sogenannte systemische Aufstellungsarbeit. Das mag für den einen oder anderen überraschend sein, da die Aufstellungsarbeit nicht ganz unumstritten und eigentlich in der Familientherapie beheimatet ist. Wir haben sie mithilfe von Heike Hoppe auf unseren betrieblichen Kontext übertragen und setzen sie viermal im Jahr mit unserem Führungsteam ein.

Heike Hoppe ergründet seit nahezu zwanzig Jahren mithilfe der systemischen Aufstellungsarbeit mit Mitarbeitern und Führungskräften neue Lösungen für Probleme und die Entscheidungsfindung im betrieblichen Alltag und tummelt sich dadurch in vielen unterschiedlichen Branchen. Ein weiterer Aspekt ist die Möglichkeit, Entscheidungen zu simulieren, insbesondere bei der Planung von größeren Investitionen, bei der Standortwahl, bei Fusionen oder Ähnlichem: Was passiert, wenn sich ein Unternehmen für Option A oder B entscheidet?

Die Beraterin ist der festen Überzeugung, dass der systemische, ganzheitliche Ansatz am Ende Zeit, Geld und Energie spart und alle Beteiligten besser mit der erarbeiteten Lösung leben können. »Im Grunde hängen Unternehmen und Abteilungen wie in einem Mobile zusammen«, beschreibt sie ihren Ansatz. »Wenn ein Teil anfängt, sich zu bewegen, fangen alle Elemente in dem System an, sich zu bewegen. Um Lösungen zu finden, müssen wir alle Aspekte ganzheitlich betrachten, statt Probleme nur isoliert anzuschauen.« Ihr ist es wichtig, jenseits der sichtbaren Symptome zur wahren Ursache eines Problems im Unternehmen vorzudringen: »Diese Wurzel liegt oft verborgen und zum Teil in der Vergangenheit. Denn jede Organisation hat so etwas wie ein Gedächtnis, und alte Fehler oder Entscheidungen wirken häufig bis in die Gegenwart hinein, ohne dass sich die aktuell Beteiligten an die ursprünglichen Zusammenhänge erinnern beziehungsweise überhaupt dabei waren.« Ist der Knackpunkt erst einmal gefunden, ist die Lösung nicht mehr weit.

Wir stellen uns mithilfe der systemischen Aufstellungsarbeit die Frage: »Aus welcher Quelle entsteht ein bestimmtes Verhalten?« Wir wollen ergründen, warum sich Menschen so verhalten, wie sie sich verhalten. Das heißt, wir sind auf der Suche nach der eigentlichen Ursache, gewissermaßen dem Trigger, denn das gezeigte

Verhalten in der Situation ist lediglich die Wirkung. Wenn wir uns nur mit der Wirkung auseinandersetzen statt mit der Ursache, werden wir das zugrunde liegende Problem nicht lösen. Zu verlangen, dass der andere sich gefälligst ändern soll, weil er schließlich für sein Verhalten verantwortlich ist, bringt nichts außer Reibereien und Kämpfe. Der klügere Weg ist, in voller Verantwortlichkeit zu ergründen, woher dieses Verhalten ursprünglich stammt. Es geht also immer um die Frage, wo Menschen stehen und wie ihre persönliche Sicht auf die Dinge ist. Es geht darum, die Gefühle aller Beteiligten anzuerkennen und zu respektieren.

Unserer Erfahrung nach können wir mit viel kleinerem Kraftaufwand unser Unternehmen entwickeln, seit wir durch die systemische Aufstellungsarbeit gelernt haben, unsere Wahrnehmung für die emotionale Ebene zu schärfen und sie vor wichtigen Entscheidungen ausreichend zu berücksichtigen.

## In der Tiefe

In einer Abteilung hatten wir alles fein säuberlich neu geordnet. Die Jobbeschreibungen der Mitarbeiter waren exakt definiert, es gab ein solides Organigramm und jeder wusste eigentlich genau, was zu tun war. Trotzdem gab es immer wieder Reibereien und Streitigkeiten. Als Führungskraft nun eine freundlich-mahnende Rund-E-Mail zu schreiben – »Bitte ab sofort aufhören zu streiten und friedlich miteinander umgehen« oder etwas Ähnliches –, hätte keinerlei Effekt und würde auch kein gutes Licht auf die Führungsqualitäten und Problemlösungsfähigkeiten werfen. Ich glaube, das ist jedem klar. Zielführender ist es in so einem Fall, genau zu schauen, welche Emotionen die Beteiligten umtreiben und warum diese Spannungen überhaupt entstehen. Also weg von der Oberfläche, stattdessen mehr in die Tiefe.

Genau das taten wir mithilfe der systemischen Aufstellungsarbeit. Daraus ergab sich dann beispielsweise, dass sich einige Mitarbeiter in ihrer Arbeit nicht gesehen oder nicht wertgeschätzt fühlten. Dieses Ungleichgewicht zu beheben war der wahre Schlüssel zu mehr Harmonie in dieser Abteilung. Oft genug kam es vor, dass wir Entscheidungen noch einmal korrigierten, nachdem wir uns gemeinsam dieser Ebene bewusst gestellt hatten.

Vor ein paar Jahren kam beispielsweise ein wichtiges Entwicklungsprojekt einfach nicht in Bewegung. Immer wieder hakte es, es gab unzählige Rückfragen und quälende Meetings ohne greifbares Ergebnis. Von außen betrachtet ergab das alles überhaupt keinen Sinn: Die finanziellen Mittel – an denen solche Projekte erfahrungsgemäß am häufigsten scheitern –, waren längst freigegeben, die Ziele exakt definiert, die Prozessschritte und Meilensteine festgelegt. Eigentlich hätten alle nur noch an die Arbeit gehen müssen. Aber nichts ging voran.

Wir schauten also eine Ebene tiefer, stellten Fragen und sprachen mit den betroffenen Mitarbeitern. Diesmal stellte sich heraus, dass es Konkurrenz innerhalb des Teams gab

Eine falsche Entscheidung sofort ist besser,
als die richtige nie.

*Sir Winston Churchill*

und alte Konflikte und Streitigkeiten immer noch ungeklärt vor sich hin schwelten. Wir Führungskräfte stellten uns der Verantwortung und sprachen die Unstimmigkeiten in Einzelgesprächen und Meetings offen an. Erst als all diese Emotionen ausgeräumt waren und alle das Gefühl hatten, die Vergangenheit sei vergangen, begann das Projekt wie geplant und reibungslos zu laufen.

**Bevor es weitergeht**

Klare Entscheidungen sind essenziell für den Weg aus der Krise. Am Ende des Tages brauchen wir also vor allen Dingen eines: Mut! Und Mut ist ähnlich wie Vertrauen eine innere Entscheidung. Denken Sie daran: Ihr Mut, eine Entscheidung zu fällen, wird immer honoriert. Sich vor einer Entscheidung zu drücken kann hingegen zu einem erheblichen Schaden in der Vertrauenskultur in Ihrem Unternehmen führen. Hier ein paar Gedanken und Anregungen, um in Zukunft leichter zu klaren Entschlüssen zu finden.

Wenn Sie eine Entscheidung getroffen haben, sind Sie dann bereit, den nächsten Schritt zu gehen – allen Widrigkeiten zum Trotz? Was können Sie tun, um Ihren Managern Entscheidungen zu erleichtern?

Machen Sie sich bewusst, dass Sie nicht jedes ungute Gefühl aus der Welt schaffen können, denn die meisten Entscheidungen – gerade in Krisenzeiten – werden herbe Einschnitte bedeuten. Wichtig ist, dass Sie die Gefühle nicht unter den Teppich kehren. Gehen Sie mit gutem Beispiel voran und stellen Sie sich mutig Ihren Ängsten. Trauen Sie sich, Ihre Sorgen und Zweifel offen und ehrlich mit Ihrem Team zu teilen.

Ganz wichtig ist es auch, sich immer wieder von Neuem zu fragen: Will ich wirklich führen? Nur wenn Sie diese Frage mit einem klarem Ja beantworten können, sind Sie bereit, Entscheidungen auch in der Unklarheit zu fällen. Ohne ein definitives »Ja, ich will« fällt dies unendlich schwer.

# 7

# WERTE

Werte kann man nicht lehren,
sondern nur vorleben.

*Viktor Frankl*

# EINDEUTIGER STANDPUNKT

Am 11. Februar 1935 eröffnete mein Großvater in einer ehemaligen Waschküche seine Tischlerei in Bremervörde. Als Führungskraft zeichneten ihn besonders sein Kampfgeist, seine Überzeugungen und seine Leidenschaft, etwas für die Menschen zu tun, aus. Einerseits war er sehr eigenwillig, anderseits aber auch offen für Neues. So verwundert es nicht, dass er gleich nach der Gründung seines Unternehmens die Mitarbeiter am Gewinn beteiligte – damals ein sehr ungewöhnlicher Schritt.

Und mein Großvater musste lernen, mit Widrigkeiten und Krisen umzugehen. Mehrfach. So wurde er aufgrund seiner Zusammenarbeit mit regimekritischen Künstlern wie Heinrich Vogeler inhaftiert und seine Firma geschlossen. Später musste er in den Kriegseinsatz nach Dänemark. Doch auch daraus machte er das Beste und schlug sich durch. Er lernte Dänisch und gewann bei den nordischen Nachbarn Freunde und Ansehen. Schon bald galt er als »der nette Deutsche, der hilft«. So warnte er unter anderem jüdische Familien in Dänemark vor anstehenden Razzien und sicherte ihnen so das Überleben. In den 1960er Jahren begann Karl Thomas sich in der Behindertenarbeit zu engagieren, weil seine Frau – meine Großmutter Anneliese – an Multipler Sklerose erkrankt war. Hilflos musste er mitansehen, wie ihre Lähmung fortschritt. Doch er wollte nicht tatenlos danebensitzen; er wollte etwas tun, um ihr Leid zu mildern. Daher entwickelte er Hilfsmittel, die seiner Frau das Leben erleichterten und ihr lange Zeit ein selbstbestimmtes Leben ermöglichten, trotz ihrer schweren Krankheit. Den inneren Drang, den Menschen in den Mittelpunkt zu stellen und dafür zu kämpfen, diese Welt zu einem besseren Ort zu machen, behielt mein Großvater Zeit seines Lebens bei.

Mit meinem Vater kann ich mich ja zum Glück heute noch zu wichtigen Themen austauschen und seine Sicht der Dinge erfragen. Vieles von dem, wie wir Werte und die Unternehmenskultur sehen, was wir für wichtig erachten, ist ähnlich: »So wie ich Werte verstehe, muss man diese Werte leben. Man sollte sie vormachen und sie auf keinen Fall von anderen verlangen. Aber ich kann nicht irgendwo auf einer Insel isoliert bleiben und nur meine Werte leben. Sie benötigen den Austausch mit anderen Menschen auf allen Ebenen«, schildert er seine Auffassung. »Am wichtigsten war mir daher immer eine ehrliche, auf Vertrauen aufgebaute Kommunikation – vom Lieferanten über unsere Mitarbeiter bis hin zu den Kunden. Da darf es keine Unterbrechung geben! Werte müssen durchgängig und vollständig in alle Richtungen belebt werden, um glaubwürdig zu sein.« Anstand und Moral haben für ihn einen extrem hohen Stellenwert: »Im Zentrum muss immer der Mensch stehen. Allerdings glaube ich nicht, dass es dafür ein Schema oder eine Checkliste gibt. Im Grunde genommen geht es darum, sich anständig zu verhalten. Menschen zu belügen und zu manipulieren hat in der Geschichte immer nur kurzfristig Erfolg gehabt. Langfristig erfolgreich zu sein bedeutet für mich, immer authentisch und wahrhaftig bei den mir anvertrauten Menschen zu sein.« Für ihn steht fest: »Wenn ich dies den Menschen vorlebe, gibt es eine Chance, dass sich diese Werte im Unternehmen etablieren und eine Führungskultur entsteht. Natürlich ist dies ein hoher Anspruch, den wir nie zu hundert Prozent erfüllen können, denn am Ende sind wir alle Menschen. Aber es ist wichtig, sich ehrlich auf den Weg zu machen. Und am Ende geht es immer darum, als Mensch sichtbar zu werden, trotz aller Fehler, und wahrhaftig aus sich selbst heraus mit den Menschen zu kommunizieren. Meine Erfahrung ist: Wenn man Menschen auf Augenhöhe behandelt und ihnen über lange Zeit ehrlich, anständig und wahrhaftig gegenübertritt, nehmen sie einem einen Rückschlag oder einen Fehler nicht so übel und können eher verzeihen.«

# DIE RICHTIGE INSPIRATION

Warum unsere Gründungsgeschichte gerade in der heutigen Zeit so wichtig ist? Weil ich festgestellt habe, dass es enorm hilft, wenn sich ein Team an seine Wurzeln erinnert und voller Stolz zurückblicken kann. Zu viele Unternehmen gehen wie selbstverständlich davon aus, dass diese »ollen Geschichten« entweder schon jeder kennt oder – noch schlimmer – niemand sich dafür interessiert. Das ist sehr schade, denn durch diese Haltung lassen sie einen wichtigen Teil ihrer Identität, nämlich ihre Wurzeln, kläglich verkümmern. Wenn die Firmengeschichte, die Traditionen, die Werte im Unternehmen nicht (mehr) kommuniziert werden – wie sollen neue Mitarbeiter sie dann kennenlernen?

Wenn ich gefragt werde, wie Firmen innovativer und entscheidungsfreudiger werden können, empfehle ich, in der Historie nach Begebenheiten zu suchen, die zeigen, dass das Unternehmen allen Widerständen zum Trotz mutig auf eine neue Idee gesetzt und diese zum Erfolg geführt hat. Die Erinnerung an diese ursprüngliche Erfahrung kann der Führung in der Gegenwart helfen, in Zukunft Entscheidungen wesentlich mutiger anzugehen.

Der tiefe Wunsch, das Leben der Menschen zu verbessern, durchdringt unser Unternehmen, er ist tief in unserem Wertesystem verankert. Es war immer unser

Bestreben, zu diesem Zweck neue Wege zu gehen und das Unmögliche möglich zu machen. Unsere Mitarbeiter sind mächtig stolz auf unsere Vergangenheit und das, was wir gemeinsam erreicht haben. Unser »Erbe« und unsere Erinnerung an die beschwerliche Gründungsphase geben uns in schweren Zeiten den nötigen Halt. Sie helfen uns dabei, mutige Entscheidung selbst bei größter Unsicherheit zu treffen.

Ich habe diese wilde Entschlossenheit und Risikofreude schon oft erleben dürfen: Wenn wir uns entscheiden mussten, ob wir ein Wagnis mit einem neuen Produkt eingehen oder nicht, stimmten wir fast immer dafür – mit dem Hinweis, dass wir schließlich »Lattoflexer« seien. Wir fühlen uns irgendwie kollektiv diesem Gründungsmythos verpflichtet. Es ist wie in unseren Genen eingraviert, dass wir immer eine mutige Entscheidung für die in unseren Augen richtige Idee fällen, auch wenn diese riskant ist und uns auf unbekanntes Terrain führt. Ich wage zu behaupten, dass in anderen Unternehmen so manche Entscheidungen anders oder gar nicht gefallen wären.

## Inneres Feuer

Meiner Erfahrung nach motiviert es uns Menschen enorm, wenn wir mit unserem Sein und unserem Handeln einen Unterschied auf dieser Welt ausmachen können. Es ist die Vorstellung, unsere Welt zu einem besseren Ort zu machen, die uns zu Höchstleistungen anzutreiben vermag.

Und es ist unsere größte Hoffnung, irgendwann diese Erde zu verlassen und zu wissen, dass wir einen wesentlichen Beitrag geleistet haben, damit die Dinge sich hier zum Besseren entwickeln.

Das gilt im Großen wie im Kleinen. Das Elend der Gegenwart und speziell eine Krise lassen sich viel leichter ertragen, wenn wir wissen, wofür es gut ist. Projekte laufen mit größerer Leichtigkeit, wenn allen im Team klar ist, wohin die Reise geht. Was ist der Leuchtturm? Was wollen wir erreichen? Sicherlich weit mehr als Umsatzziele und Statistiken. Ich habe jedenfalls noch nie erlebt, dass ein Umsatzziel jemanden wirklich im Tiefsten seiner Seele berührt und seine Leidenschaft entfacht hat. Nur um das klarzustellen: Ein Umsatzziel ist sicherlich richtig und wichtig – wir dürfen es jedoch nicht mit einer wahrhaftigen, strahlenden Vision verwechseln.

Selbstverständlich ist es entscheidend, dass wir klare Ziele formulieren, was wir etwa im nächsten Jahr erreichen wollen, welche Budgets uns zur Verfügung stehen und welche neuen Produkte wir auf den Markt bringen wollen. Gerade in unruhigen Zeiten ist es aber unendlich wichtig, dass wir uns nicht nur um Details und kurzfristige Aufgaben und Ziele kümmern, sondern uns auch wieder ins Gedächtnis rufen, warum wir tun, was wir tun, wofür wir stehen und wohin wir langfristig wollen. Es inspiriert die Menschen meiner Erfahrung nach, wenn sie (wieder) spüren, dass sie nicht nur für das nächste Umsatzziel kämpfen, sondern hinter alldem eine größere Idee, eine Vision steht. Werte und Überzeugungen, die ihre Herzen mit Stolz erfüllen und für die es sich zu kämpfen lohnt. Sie sind wie ein Leuchtturm, eine Orientierungshilfe; so verliert man sich nicht so leicht im stressigen Tagesgeschäft. Doch was ist eine starke Vision?

## Mut im Herzen

In *Braveheart* gelingt es dem schottischen Freiheitskämpfer William Wallace – dargestellt von Mel Gibson – in einer Schlüsselszene, den Kampfgeist der Highlander mit wenigen kraftvollen Worten wiederzuerwecken: Seine Vision ist nichts weniger als die Freiheit und Eigenständigkeit Schottlands. Und er ist bereit, für diese Vision bis zum bitteren Ende zu kämpfen. Doch die verängstigten Highlander haben den Mut verloren, sie beginnen das Schlachtfeld zu verlassen, weil sie keine Chance sehen, den bevorstehenden Kampf gegen die scheinbar übermächtigen Engländer zu gewinnen. »Wir werden uns hier nicht abschlachten lassen!«, weigern sie sich. Wallace reitet heran, sein Gesicht ist wild geschminkt in schottischen Farben, und ruft seinen Landsleuten zu: »Oh ja, kämpft und ihr sterbt vielleicht. Flieht und ihr lebt. Wenigstens eine Weile. Und wenn ihr dann in vielen Jahren sterbend in eurem Bett liegt – wärt ihr dann nicht bereit, jede Stunde einzutauschen von heute bis auf jenen Tag, um einmal nur, ein einziges Mal nur, wieder hier stehen zu dürfen? Um unseren Feinden zuzurufen: Ja, sie mögen uns das Leben nehmen, aber niemals nehmen sie uns unsere Freiheit!«

Auch wenn der Film von Historikern kritisiert wurde, ist er in meinen Augen eine wundervolle Geschichte darüber, was eine wahrhaftige Vision bei Menschen bewirken kann. Natürlich kämpfen wir heute in unseren Firmen keine Schlachten mehr mit Langschwertern und Speeren. Und die Zeit eines William Wallace ist lange vorbei. Der Kern der Geschichte jedoch kann uns eine Menge darüber sagen, wie es gelingen kann, einem durch einen Rückschlag oder eine Krise verängstigten oder verunsicherten Team neuen Mut zu geben. Die Mannschaft daran zu erinnern, welchem Zweck all die Plackerei dient, und das innere Feuer wieder zu entfachen für die große Vision, die es zu verwirklichen gilt. Und das ist eben viel mehr als nur den Umsatz zu steigern.

## Beherzte Worte

Eine der eindrucksvollsten Reden des letzten Jahrhunderts und ein wahrer Gänsehautmoment ist ohne Frage die Rede von Martin Luther King am 28. August 1963 beim Marsch auf Washington, als Hunderttausende Menschen für Freiheit und Arbeit auf die Straße gingen. Sein legendärer Ausspruch »I have a dream« – Ich habe einen Traum – inspiriert heute noch Menschen weltweit. Und wer sich die Originalrede anschaut oder anhört, kann sich der Magie seiner Vision von einer Gesellschaft, in der alle Menschen gleich und einander ebenbürtig sind, kaum entziehen. Dieser Traum ist ansteckend!

Sicherlich hätte die Rede von Martin Luther King inhaltlich korrekt auch viel sachlicher dargestellt werden können. Man stelle sich vor, diese Rede wäre mit Powerpoint-Folien »untermalt« gewesen und seine bildhafte Sprache wäre in ausgewogene politische Forderungen »übersetzt« worden. Hand aufs Herz: Wir hätten doch längst vergessen, dass es diese Rede jemals gegeben hat!

John F. Kennedy fand ebenfalls die richtigen Worte, als er am 25. Mai 1961 vor den Kongress trat. Die USA befanden sich in einem Schockzustand. Wenige Wochen zuvor war es der UdSSR gelungen, einen Menschen ins All zu schießen und sicher wieder zurückzuholen. Nach dem sogenannten Sputnik-Schock wenige Jahre zuvor (der erste Satellit im All), mussten die Amerikaner mitansehen, wie sich die UdSSR scheinbar mühelos an die Spitze der technologischen Entwicklung setzte und die USA im Wettrennen um das Weltall abhängte. Ein herber Schlag für das Selbstbewusstsein der Nation. Offen wurde diskutiert, ob es überhaupt eine Chance gebe, den Vorsprung der Sowjetunion je wieder aufzuholen.

Auf der rein sachlichen Ebene genehmigte der US-Präsident an diesem Tag eines der teuersten Projekte in der amerikanischen Geschichte: Das sogenannte Gemini-Projekt unter der Leitung von Wernher von Braun sollte die Apollo-Mission zum Mond vorbereiten und durchführen. Zeitweise arbeiteten mehrere Hunderttausend Menschen in den Jahren von 1961 bis 1968 an diesem kühnen Projekt mit.

Doch es brauchte eine große Vision, an der sich die Menschen wieder aufrichten konnten, vor allem als es in

Es ist nicht schwer, Entscheidungen zu treffen,
wenn du deine Werte kennst.

*Roy E. Disney*

den ersten Jahren zu mehr Fehlschlägen als Erfolgen kam. Kennedys Versprechen an die Nation lautete: »Noch bevor das Jahrzehnt zu Ende ist, werden wir einen Mann auf den Mond schicken und ihn sicher zurückbringen!« – in der damaligen Zeit eine extrem ehrgeizige Ansage. Angesichts des Rückstands der Vereinigten Staaten gegenüber der UdSSR und angesichts der zahllosen Opfer, die das bisherige Weltraumprogramm gefordert hatte, war es mehr als mutig, diese Worte zu formulieren. Doch sie verfehlten ihre Wirkung nicht. Sie elektrisierten eine ganze Generation von Amerikanern und Menschen in der gesamten westlichen Welt. Es schien machbar, diese Vision, diesen Traum tatsächlich zu verwirklichen. Und wie wir alle wissen, hat es letztlich auch geklappt: 1969 gelang den Amerikanern der erste bemannte Mondflug in der Geschichte der Menschheit – und so erfüllte sich Kennedys Vision.

Ich persönlich glaube, dass John F. Kennedy ein Mann war, der sich der Macht der Worte sehr bewusst war. Er wusste, dass mehr nötig war, als nur einen guten Job zu machen. Ihm war klar, dass er die Seelen der Menschen erreichen und berühren musste; er musste ihre Leidenschaft wecken, sich mit ganzem Herzen für die Nation und für das Weltraumprojekt zu engagieren. All das gehört in meinen Augen dazu, wenn man andere Menschen führen will.

**Bilder von der Zukunft**
*Ein Gespräch mit Sven Jánszky über
die Veränderung von Denk- und
Verhaltensmustern*

Sven Jánszky ist Gründer und Geschäftsführer des Zukunftsforschungsinstituts 2bahead. Er hat sich als Redner auf Kongressen einen Namen gemacht, mehrere Bestseller über Zukunftsthemen geschrieben, und arbeitet aktiv daran, die Start-up-Kultur aus dem Silicon Valley in Deutschland zu etablieren. Zu diesem Zweck organisiert er sogenannte Bootcamps, in deren Rahmen Gründer und Investoren lernen können, wie das Silicon Valley tickt. Als Berater bereitet er Unternehmen mit gezielten provokanten Fragen auf kommende Entwicklungen vor und arbeitet mit ihnen an ihrer Zukunftsvision.

*Was wollen die Unternehmen von dir wissen, wenn
sie dich um Rat fragen, und was kannst du ihnen
beibringen?*
Sie wollen ein Zukunftsbild haben. Sie haben keine Vorstellung davon, wie ihr Unternehmen oder sie selbst in fünf oder zehn Jahren aussehen. Mit Zukunftsbild meine ich eine positive, lebens- und liebenswerte Vorstellung. Eine erstrebenswerte Vorstellung davon, wie man in fünf Jahren lebt und arbeitet.

Dann gebe ich ihnen erst einmal ein Bild – welche äußeren Einflüsse, also Technologien und gesellschaftliche

Trends, auf sie zukommen werden, und stelle ihnen Fragen: »Wenn das alles so kommt, oder zu achtzig Prozent so kommt, wie ich das beschreibe, was würden Sie dann tun und wie würden Sie es tun?« Das ist eigentlich noch der einfachere Teil. An den sind die meisten Menschen zwar nicht gewöhnt, aber mit ein bisschen Anleitung und mit ein bisschen Nachdenken klappt es.

*Und wie genau setzt man dann dieses gefundene Bild im Unternehmen um?*
Sobald es an die Umsetzung geht, wird es knifflig. Das ist der Punkt, an dem die meisten scheitern. Ganz oft ist es so, dass der Weg vom Status quo zu dem entwickelten Zukunftsbild aufgrund der heutigen Überzeugungen, der heutigen Regeln, nach denen sie handeln, und vor allen Dingen der über die Jahre antrainierten Denk- und Verhaltensmuster nicht klappt. Daher geht es in erster Linie darum, den Menschen beizubringen, diese hinderlichen Muster zu verändern. Und das ist echt schwer! Das sind ja meistens ungeschriebene Gesetze, denen sie unbewusst oder unterbewusst folgen.

*Ist Veränderung machbar auch ohne die äußere Krise? Oder braucht es doch den Impuls von außen, um den Druck zu erhöhen?*
Ob es eine tatsächliche Krise gibt oder nicht, ist für mein Verständnis von Transformation nahezu unerheblich. Denn es geht immer nur darum, sich selbst und die eigenen Automatismen im Denken und Handeln zu verän-

dern. Wenn man es nicht schafft, sich auf neues Denken zu fokussieren, wird man immer an dem – pardon – gleichen Scheiß festhalten.

*Was ist deiner Erfahrung nach der Hauptwiderstand, der Menschen bei Veränderungen umtreibt, und wie sollte eine Führungskraft oder ein Unternehmer damit am besten umgehen?*

Gerade in großen Unternehmen lässt sich das natürlich nicht über einen Kamm scheren. Selbstverständlich muss es in der Buchhaltung eine andere Kultur geben als in der Innovationsabteilung oder im Digitallab oder im Verkauf. Das heißt, die Führungskraft muss sich jede Abteilung einzeln vornehmen und mit den Menschen, die dort arbeiten, gemeinsam das Commitment erarbeiten, dass sich etwas ändern muss. Die entscheidende Frage lautet: »Wie soll das Zukunftsbild sein, wie wollen wir unseren Job künftig machen?« Und dann muss sie ihnen klarmachen, dass die Erreichung dieses Zukunftsbilds in erster Linie von einer aktiven Veränderung jedes Einzelnen und damit der individuellen Denk- und Verhaltensmuster abhängt.

# DIE SINNFRAGE

Auf der Suche nach neuer Leidenschaft gerade in schwierigen Zeiten frage ich mich immer: »Warum stehen wir morgens auf?« Das ist für mich eine der machtvollsten Fragen für jeden Einzelnen wie auch für Unternehmen. Es ist unvergleichlich, wie sehr die Antwort auf diese Frage Menschen inspiriert und bewegt. Gleichzeitig kann die Sinnfrage sogar dafür sorgen, dass Kunden wie von selbst auf ein Unternehmen zusteuern, weil sie die Attraktivität dieses inneren Antriebs spüren.

Eine beeindruckende Demonstration, wie sehr das Warum uns inspirieren kann, hat Steve Jobs abgeliefert. Als er Anfang der 1990er Jahre als CEO zurückkehrte, war Apple am Ende und es wurde offen darüber spekuliert, wie lange das Unternehmen noch durchhalten würde. Ohne eine Finanzspritze von Microsoft hätte es womöglich nicht überlebt. Es gab kaum einen Mitarbeiter, der noch glaubte, man könne das Ruder herumreißen.

Natürlich war Steve Jobs klug genug, die angehäuften Probleme Schritt für Schritt zu lösen. Er brauchte Liquidität, musste seine Lieferketten optimieren und neue Produkte entwickeln, die die Menschen erneut für Apple begeistern würden. Aber ihm war eben auch klar, dass das nicht ausreichen würde. Er musste das Feuer neu entfachen – sowohl bei seinem eigenen Team als auch bei den Fans und Kunden. Daher ließ er als eine seiner ersten Amtshandlungen einen Werbespot produzieren. Es war ein von ihm selbst verfasster Text über das, was er als Gründer von Apple über sein Unternehmen dachte und warum es auf der Welt war. Den Spot der »Think-Different«-Kampagne kann man bis heute auf Youtube sehen – und Millionen von Menschen haben ihn bisher angeschaut. Obwohl er inzwischen weit über zwanzig Jahre alt ist, hat er nichts von seinem Zauber verloren. Ich habe ihn erst kürzlich auf einer Tagung meinem Team präsentiert – und die Wirkung lässt sich unmittelbar in den Gesichtern ablesen. Es ist ein klares Manifest, warum Apple existiert, eine Mischung aus rebellischem Geist und dem hehren Wunsch, die Welt zu einem besseren Ort zu machen. Es ist eine Hymne an Menschen, die anders sind und anders denken. Und genau solche Menschen fühlen sich fast magisch von dieser Marke angezogen.

Der Spot und die daraus resultierende Werbekampagne für die Marke Apple entzündeten bei dem angeschlagenen Team wieder eine neue Leidenschaft. Ich habe es damals selbst gespürt, als ich auf der Cebit in Hannover war, bei der auch Apple mit einem Stand vertreten war und auf großen Leinwänden »Think Different« zu lesen war. Selbst wenn niemand zum damaligen Zeitpunkt absehen konnte, welche Entwicklung Apple einmal nehmen würde, war der Grundstein für den Wandel gelegt. Und er hatte damit begonnen, dass es Steve Jobs gelungen war, den Menschen glaubhaft zu vermitteln, warum Apple existiert.

Simon Sinek hat es einmal so formuliert: »Menschen kaufen nicht, was du tust. Sie kaufen, warum du es tust.«

Besser kann man es in meinen Augen kaum ausdrücken. Natürlich brauchen wir ein exzellentes Produkt. Natürlich müssen wir unseren Job in »normalen Zeiten« ebenso wie in einer Krise erledigen und mit klaren Entscheidungen die Ursachen einer Krise oder eines Fehlschlags beseitigen. Natürlich brauchen wir gute Strategien und müssen unsere internen Prozesse in den Griff bekommen. Aber das allein wird niemals ausreichen. Wir brauchen einen tieferen Sinn, ein Warum.

## Visionitis

In vielen großen Konzernen gibt es eine regelrechte »Visionitis«. So nenne ich es scherzhaft, wenn Vorstände in regelmäßigen Abständen auf Hochglanzpapier gedruckte, edle und wohlklingende Worte verteilen und dies dann »eine neue Unternehmensvision« nennen. Ist vielleicht gut gemeint, hat meiner Ansicht nach allerdings herzlich wenig damit zu tun, die Leidenschaft der Menschen wieder zu entfachen. Man kann noch so schöne Worte in eine Imagebroschüren schreiben, wenn sie die Menschen nicht berühren und vor allem wenn die beschriebenen Unternehmenswerte nicht gelebt werden, ist das Ganze nichts weiter als Papierverschwendung.

Seit Jahren sammle ich Imagebroschüren von Unternehmen ein, wenn sie mir unter die Finger kommen. Es ist verblüffend, ja wenn nicht sogar erschreckend, zu sehen, wie identisch darin Begriffe und Bilder verwendet werden.

Wie ein Spiegel des Zeitgeists: Es steht immer das drin, was gerade angesagt ist. Es ist absurd, was Vorstände und Führungskräfte darin teilweise von sich geben. Meine persönlichen »Lieblings«-Buzzwords über die Jahre sind »Disruption«, »Synergieeffekte«, »Nachhaltigkeit« und »Added Value«.

Wir erleben momentan auf vielen Ebenen in unserer Gesellschaft und in vielen Unternehmen einen Mangel an visionärer Kraft: Warum gibt es eigentlich die Europäische Union? Wie sieht eigentlich eine gerechte Welt in Zukunft aus? Wie wollen wir eigentlich unser politisches System weiterentwickeln? Daran sieht man einerseits eine große Unsicherheit, andererseits den innigen Wunsch vieler Menschen nach Orientierung und Stabilität.

## Resonanz

Zu oft werden diese vermeintlichen Visionen in Imagebroschüren von externen PR-Agenturen produziert, die keine Ahnung davon haben, was das Unternehmen wirklich bewegt. Deswegen gibt es bei uns grundsätzlich keine Hochglanz-Imagebroschüre. Vor über dreißig Jahren haben wir eine Broschüre zu einem Jubiläum produzieren lassen, aber das war eher eine Firmengeschichte. Ich sehe keinen Sinn darin, und meine Mitarbeiter ebenso wenig. Unternehmenskultur und die Werte müssen gelebt werden und erfahrbar sein, findet auch Lattoflex-Vertriebsleiter Dieter Tost: »Es ist bemerkenswert, wenn man sieht, wie viele Leute schon dreißig oder gar vierzig Jahre hier sind. Das bedeutet, da muss irgendetwas sein, was die Menschen zusammenhält und an das Unternehmen bindet. Nicht zwanghaft, sondern freiwillig, weil Spaß und ein Stück weit berufliche Erfüllung gegeben sind. Das ist ein wichtiger Teil. Dazu gehören aber auch gegenseitiges Vertrauen, Geradlinigkeit, Verlässlichkeit und ein guter Umgang mit Fehlern. Diese Erfahrung muss man am eigenen Leib machen, um sagen zu können: ›Ja, das funktioniert hier.‹«

Ich habe mich immer bemüht, im Unternehmen das Besondere, unsere Geschichte und unser Wertesystem in den Vordergrund zu stellen, denn letztlich macht genau das den Unterschied aus. Ein Team benötigt Inspiration, um bei Fehlschlägen oder in Krisen tiefe Zuversicht zu spüren und zu wissen, warum es sich lohnt, morgens aufzustehen. Und für mich ist dieses Warum eben nicht das nächste Umsatzziel. Es ist auch nicht die Anzahl der verkauften Produkte. Sondern eher die Frage danach, wo wir eine Chance haben, einen Unterschied auf diesem Planeten zu machen. Das Warum, die treibende Kraft hinter allem, ist immer größer als man selbst. Es ist auch größer als das eigene Unternehmen. Nur dann kann es seine wahre Kraft entfalten.

Natürlich hat jeder Mensch seine persönliche Vision und seinen eigenen Grund, warum er morgens aufsteht. Die Kunst der Führung ist es, all diese unterschiedlichen Menschen mit ihren verschiedenen Ansichten und Meinungen unter einer gemeinsamen Vision zu vereinen. Bei Lattoflex ist in meinen Augen einer der stärksten Werte, die uns über all die Jahrzehnte hinweg vorangetrieben haben, der tiefe Respekt vor der Einzigartigkeit jedes Menschen. Wir sind davon überzeugt, dass jeder Mensch in seiner eigenen Art und Weise besonders ist und es ist unser Bestreben, ihn mit unseren Produkten und unseren Aktivitäten in dieser Einzigartigkeit zu unterstützen. Genau aus diesem Grund wird es bei uns auch niemals sogenannte One-fits-all-Produkte geben. Dieser tiefe Respekt beschränkt sich aber nicht auf unsere Kunden, sondern spiegelt sich auch innerhalb unserer Unternehmenskultur im Umgang miteinander wider. Wir sehen unsere Unterschiedlichkeit als eine Quelle unserer Kraft und Stärke, nicht als Störfaktor oder gar unausweichliches Übel.

Eine starke Vision wird immer Resonanz erzeugen, selbst nach Jahrzehnten. Sie berührt und inspiriert die Menschen auf einer sehr tiefen emotionalen Ebene. Rational erklärbar ist eine Vision kaum, es ist eher ein Bauchgefühl – jeder von uns kennt doch dieses innere Feuer, das uns motiviert, immer weiterzumachen und niemals aufzugeben. Insbesondere in Krisenzeiten und nach derben Fehlschlägen brauchen wir dieses Feuer in uns. Dann gehen viele Dinge wie von selbst, ohne dass man viel Druck ausüben müsste. Als Führungskräfte müssen wir in der Krise den Erinnerungsprozess anschieben. Wir müssen für die anderen noch einmal klar formulieren, warum wir hier sind, und ihnen bestätigen, dass dieser Traum nach wie vor Wirklichkeit werden kann, wenn wir nur zusammenhalten und nicht aufgeben. Und ihr Geschenk wird im Gegenzug sein, dass sie sich wieder aufrichten und wieder voller Zuversicht an unserer Seite durch die Krise schreiten.

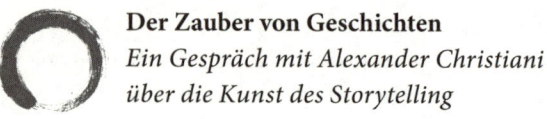

## Der Zauber von Geschichten
*Ein Gespräch mit Alexander Christiani*
*über die Kunst des Storytelling*

Alexander Christiani gilt als einer der führenden Kommunikationsexperten im deutschsprachigen Raum. Er beschäftigt sich seit Jahrzehnten mit der Frage, wie effektive Unternehmenskommunikation funktioniert. In einer Welt, in der Tausende Werbebotschaften tagtäglich auf uns einprasseln, ist es gerade für kleine Unternehmen sehr schwer geworden, mit ihrer Botschaft überhaupt noch Gehör zu finden. Alexander Christiani kennt die Macht der Geschichten und zeigt Unternehmen, wie sie Storytelling als Marketing-Tool nutzen können. Denn eins ist sicher: Menschen lieben Geschichten seit jeher. Früher wurden Heldensagen, Mythen und Märchen noch am Lagerfeuer über Generationen überliefert, später aufgeschrieben und/oder verfilmt. Egal ob als Zuhörer, Leser oder Zuschauer – wenn die Geschichte gut ist, fiebern wir mit den Protagonisten mit und sie brennt sich in unser Gedächtnis ein. Dieser Effekt ist natürlich auch im Business-Kontext hilfreich.

*Worum geht es eigentlich beim Storytelling?*
Wir kommunizieren mithilfe einer Geschichte, warum ein Unternehmen existiert und was es für die Menschen da draußen tun kann – allerdings ohne dies plakativ und eher platt in Form einer klassischen Werbeanzeige zu tun. Die Kunst dabei ist, die Geschichte einer Branche oder eines

Unternehmens oder eines Produkts so zu erzählen, wie sie noch nie jemand erzählt hat. Die Art und Weise hat jede Menge Auswirkungen – sowohl intern auf die eigenen Mitarbeiter wie extern auf Kunden und Geschäftspartner oder die Medien.

*Gibt es in allen Branchen spannende Geschichte*
*zu erzählen – oder funktioniert das nur für*
*total interessante und außergewöhnliche Firmen*
*und Sparten?*
Viele Menschen haben tatsächlich das Gefühl, nur wenn sie Diamantenhändler in Amsterdam sind oder auf den Seychellen ein Fünf-Sterne-Hotel betreiben oder etwas ähnlich Ausgefallenes oder Spezielles tun, hätten sie spannende Geschichten zu erzählen. Ich sehe das völlig anders. Ich habe noch niemals ein langweiliges Unternehmen, eine langweilige Branche oder ein langweiliges Produkt erlebt.

*Was zeichnet denn überhaupt eine gute Story aus?*
Eine Story ist gut, wenn wir die Inhalte so schildern, dass Menschen mit ihren Ohren sehen! Es sollte also eine bildhafte Erzählung sein, die unser Gehirn, das ja in Bildern denkt, sich leicht merken und wiedergeben kann. Gute Storys sind in aller Regel kurz – und sie dürfen es auch sein.

»Bei uns steht der Mensch im Mittelpunkt« oder »Wir sind ein kundenorientiertes Unternehmen« sind beliebige Aussagen, die unser Gehirn eher langweilen. Wenn es uns jedoch gelingt, diese Inhalte mit einer wahrhaftigen Geschichte zu verknüpfen, operieren wir auf einer ganz anderen Ebene der Wahrnehmung. Die Werte eines Unternehmens lassen sich etwa viel besser und effektiver in Form eines Beispiels aus der Vergangenheit erlebbar machen.

*Ist Storytelling nachweislich effektiv in der*
*Kommunikation eines Unternehmens?*
Der mittlerweile verstorbene amerikanische Kommunikationspsychologe Jérôme Bruner hat festgestellt, dass Fakten, die in den Kontext einer Geschichte eingebunden sind, im Durchschnitt 22-mal besser behalten werden. Wenn es einem Unternehmen also gelingt, seinen Service in eine kleine Geschichte zu verpacken, ist diese Story sozusagen die perfekte Vorlage für Mundpropaganda, weil sie leichter zu merken und damit auch leichter weiterzuerzählen ist. Volltreffer!

*Gerade in Krisenzeiten ist es ja wichtig, dass*
*man sich wieder daran erinnert, wo die eigenen*
*Wurzeln liegen und warum man morgens aufsteht.*
*Wie schätzt du das ein?*
Simon Sinek hat mit seinem Bestseller *Frag immer erst: warum* darauf hingewiesen, wie mächtig es ist, sich als Unternehmen klarzumachen, was das eigene Warum ist und den Menschen auch davon zu erzählen. Bewunderte Unternehmer wie beispielsweise Steve Jobs konnten zweifellos deshalb so erfolgreich werden, weil sie die Menschen teilhaben ließen an dem, was sie antreibt. Davon kann man als Unternehmer nur lernen. Ein berühmtes Zitat von Simon Sinek lautet: »Die Menschen kaufen nicht, was

Sie tun; sie kaufen warum Sie es tun. Und wenn Sie darüber reden, was Sie glauben, werden Sie die anziehen, die glauben, was Sie glauben.« Ich bin davon überzeugt, dass Unternehmensbotschaften und Wertesysteme genauso individuell sind wie die Persönlichkeiten der Unternehmer. Das Warum, also der Sinn, für den wir unser Business gegründet haben und unser Business betreiben, ist das, womit wir in Resonanz sind – und das ist es auch, was unseren »Fanclub« ausmacht.

## DIE EIGENEN WURZELN ENTDECKEN

Im Jahr 2007 hatten wir uns heillos in unserer Kommunikation für die Marke Lattoflex verstrickt. Als wir uns das Ganze ehrlich anschauten, stellten wir fest, dass wir sowohl intern als auch extern unsere Identität verloren hatten. Wir wussten nicht mehr genau, wofür wir standen und wohin wir eigentlich wollten.

In einem ersten Schritt sammelten wir daher sämtliche schriftlichen Kommunikationsstücke aus der Werbung und der internen Kommunikation und hängten sie wie eine Collage an die Wände unseres Konferenzraums. Wir waren entsetzt! Was sich da zeigte, war ein komplettes Durcheinander von Botschaften, Bildern und Geschichten. Man hatte Mühe zu erkennen, dass es sich hier tatsächlich nur um eine einzige Firma handelte.

Also machten wir uns auf die Suche nach unseren Wurzeln, um uns zu sortieren, zu orientieren und neue Klarheit zu erlangen. Dafür eignet sich natürlich die Firmengeschichte ideal! Wir kramten also in unserem Archiv und erinnerten uns zum ersten Mal seit vielen Jahren wieder daran, wie damals alles begonnen hatte. Wir stießen auf alte Fotos und Prospekte aus der Anfangszeit. Am wichtigsten jedoch war, dass wir uns daran erinnerten, dass wir es waren, die den Lattenrost erfunden und die Idee vom schmerzfreien Schlafen gegen alle Widerstände weltweit zum Erfolg geführt hatten. Natürlich hatten wir es nie wirklich vergessen, aber doch irgendwie verlernt oder versäumt, uns dieser Tatsachen bewusst zu sein und sie eben auch aktiv nach innen wie außen zu kommunizieren.

Auf Basis dieser Erkenntnisse produzierten wir so etwas, eine »Lattoflex-Story«, einen Film, der ausschließlich mit eigenen Mitarbeitern und Zeitzeugen authentisch unseren Weg über die Jahrzehnte nachzeichnet. Das Ergebnis überrascht uns bis heute. Der Film ruft positive Reaktionen bei Besuchern hervor, denen wir ihn vorführen, und er wird in unserem Youtube-Kanal am häufigsten angesehen.

In einem zweiten Schritt machte ich eine unternehmensweite Umfrage bei allen Mitarbeitern. Ich wollte wissen, welche fünf Begriffe die gelebten Werte unseres Unternehmens am besten zum Ausdruck brächten. Das Ergebnis war ein Sammelsurium verschiedener Begriffe, die sich aber mit etwas Fleißarbeit zu sechs Grundbegrif-

Es gibt nur zwei Möglichkeiten,
Menschen zum Handeln zu bewegen:
sie zu manipulieren oder zu inspirieren.

*Simon Sinek*

fen zusammenfassen ließen: Herkunft, Familie, Vision, Anders sein, Spezialist und Leidenschaft. Bis heute stehen sie für unsere Grundwerte seit unserer Gründung.

Seit 2007 mussten wir so manche schwierige Situation, so manche veritable Krise meistern. Doch ich habe eindeutig feststellen können, dass die Klarheit unserer Grundwerte und die Erinnerung an unsere Herkunft uns enorm dabei hilft, sicher durch jeden Sturm zu kommen. Beides zusammen bildet unser Rückgrat, das uns stärkt, aufrecht hält und uns hilft, uns immer wieder daran auszurichten.

## Bevor es weitergeht

Es erleichtert den Weg aus einer Krise, wenn die Menschen wissen, wofür sie sich tagtäglich abrackern, wofür sie so erbittert kämpfen und wohin all das führen soll. Eine gemeinsame Vision ist dabei der Leitstern. Das gemeinsame Wertegerüst verleiht dem Team die nötige Standfestigkeit, um auch Rückschläge zu verkraften. Um aus dieser Kraft zu schöpfen, tun wir gut daran, uns in schwierigen Zeiten an unser Warum – das individuelle und das kollektive – zu erinnern. Hier ein paar Gedanken und Anregungen, warum Sie Ihren Job eigentlich ganz gerne tun, und wofür Ihr Unternehmen steht.

Wissen Sie noch, warum Sie Ihre Firma gegründet haben, – oder haben Sie Ihr persönliches Warum mit der Zeit vergessen? In dem Fall ist es Zeit für eine Rückbesinnung auf Ihre Werte und Visionen. Vielleicht haben Sie auch ein Firmenarchiv, aus dem Sie schöpfen können. Als zusätzliche Inspiration ein Buchtipp: Lesen Sie *Frag immer erst: warum* von Simon Sinek.

Wissen Ihre Mitarbeiter, was der wahre Sinn und Zweck des Unternehmens ist? Haben viele keine Antwort parat oder fallen die Vorstellungen sehr unterschiedlich aus, finden Sie zusammen mit Ihrem Team eine Vision, die Sie alle gleichermaßen beflügelt. Werden Sie bei der Formulierung so konkret wie möglich und vermeiden Sie Buzzwords und Worthülsen. Eine Vision ist nur dann alltagstauglich und krisensicher, wenn sie mit Leben gefüllt werden kann und zum Wertesystem passt.

# AUSKLANG

Die Zukunft hat viele Namen:
Für Schwache ist sie das Unerreichbare,
für die Furchtsamen das Unbekannte,
für die Mutigen die Chance.

*Victor Hugo*

Für mich war dieses Buch eine sehr persönliche Reise durch die Höhen und Tiefen der letzten Jahrzehnte. Ich durfte mich dabei noch einmal bewusst daran erinnern, wie wichtig jede durchlittene Krise, jeder einzelne Fehlschlag sowohl für unser Unternehmen als auch für mich persönlich war. Wir wären heute nicht die, die wir sind, wenn all dies nicht geschehen wäre. Ich bin deshalb dankbar, die Chance gehabt zu haben, all unsere Erfahrungen aus über sechzig Jahren zu bündeln und der Welt zu schenken. Herausgekommen ist ein sehr persönliches Buch, und wenn ich jetzt rückblickend durch die Seiten und Kapitel blättere, so wird klar, was dieses Buch eben nicht ist. Es ist kein klassischer Erfolgsratgeber und es ist keine Geschichte, die nur von Siegen und Erfolgen handelt.

Wenn es eine Kernbotschaft gibt, die ich aus diesem Buch ableiten sollte, so ist es mein tiefer Wunsch, dass wir alle den Mut finden mögen, ehrlicher und bewusster mit Krisen umzugehen. Die Bestsellerautorin Eva-Maria Zurhorst hat es einmal so formuliert: »Freut euch auf die nächste Krise!« Ich gebe zu, dass ich so weit noch nicht bin. Niederlagen sind immer noch schmerzhaft – und doch ist es dieser Schmerz, der uns vorantreibt. Krisen können zu einer wahren Chance für die Transformation werden – sowohl für den Einzelnen als auch für das gesamte Unternehmen. Die Menschen fühlen sich einander mehr verbunden und haben gleichzeitig das Gefühl, an deren Überwindung gewachsen zu sein. Darin liegt die wahre Kraft eines Fehlschlags: Wenn es uns Führungskräften gelingt, durch unsere Präsenz, unsere Klarheit und unseren Mut zur Offenheit andere Menschen einzuladen, sich ebenfalls für Vertrauen und Verbundenheit zu entscheiden, ist dies das schönste Geschenk, das wir einander inmitten eines wilden Sturms machen können.

Es berührt mich jedes Mal im Innersten, wenn ich miterlebe, wie meine Manager und Mitarbeiter sich gerade in den dunkelsten Momenten aus ihren Schneckenhäusern trauen und sich mutig der aktuellen Herausforderung stellen, und sei sie auch noch so ungemütlich und angsteinflößend. Das ist für mich immer inspirierend, weil es mich in dem Glauben bestärkt, dass mein Führungsstil, unser Teamgeist und unser Miteinander uns auch in Zukunft durch jede Krise lotsen werden.

Krisen sind Teil unseres Lebens, doch wir allein entscheiden, wie wir damit umgehen. Der Schatz, der in diesem Perspektivwechsel verborgen liegt, ist die unendliche Freiheit, mutig unseren Weg zu gehen und unsere Träume zu verfolgen, ohne in der Angst vor dem Scheitern zu erstarren.

Mögen wir diese Freiheit nutzen und uns immer wieder daran erinnern, welch ein Geschenk jeder einzelne Fehler und jedes ungeplante Ereignis sein kann.

# DANK

Dieses Buch ist ein echtes Herzensprojekt. Aber es wäre wahrscheinlich nie entstanden ohne die tatkräftige Unterstützung vieler Menschen, die mich seit langer Zeit auf meinem Weg begleiten. Deshalb empfinde ich tiefen Dank für alle Begegnungen der letzten Jahre und die unzähligen inspirierenden Gespräche, die mir tiefere Einsichten in das Leben und in Krisen gewährt haben. Sie bilden die Basis für dieses Buch.

Als Erstes möchte ich meinem Lattoflex-Team danken. Ihr seid großartig und es erfüllt mich jeden Tag aufs Neue mit tiefer Dankbarkeit, wie hingebungsvoll ihr als ein wahrhaftiges Team immer wieder mutig neue Wege beschreitet. Dafür habt ihr meinen Respekt und meine tiefe Anerkennung.

Als Nächstes möchte ich mich natürlich bei meiner Familie bedanken: bei dir, liebe Gunda, und bei unseren drei Kindern Lea, Julius und Merle. Ohne euch wäre ich heute nicht da, wo ich bin, und deshalb ein herzliches Dankeschön dafür, dass ihr da seid und für mich da seid. Es ist wunderbar, dass es euch gibt!

Erst seit ich selbst Vater bin, weiß ich wirklich, was für eine herausfordernde Aufgabe es ist, Eltern zu werden und sein. Und so ist es mir ein Herzensbedürfnis, meinen Eltern, Marianne und Wilfried Thomas, dafür zu danken, dass sie immer für mich da waren und mich auf all meinen wilden Wegen stets begleitet haben. Ich habe es euch nicht immer leicht gemacht, das weiß ich wohl. Umso mehr möchte ich euch sagen, wie groß mein Respekt und meine Anerkennung sind, für das, was ihr für mich und unsere ganze Familie über so lange Zeit getan habt.

Mein besonderer Dank gilt den Gesprächs- und Interviewpartnern in diesem Buch: Alexander Christiani, Ansgar Corleis, Pascal Feyh, Heike Hoppe, Bodo Janssen, Sven Jánszky, Paul Kohtes, Mignon Latoschinski, Stefanie Steinleitner, Dieter Tost, Vanessa Weber – und natürlich meinem Vater Wilfried Thomas. Danke, dass ihr mit euren Gedanken und Erfahrungen dieses Buch bereichert habt.

Vielen Dank an den Campus Verlag, dass er es möglich gemacht hat, dieses Buch in die Welt zu bringen. Und ganz besonders bedanke ich mich dort bei meiner Lektorin Stephanie Walter für den Mut, diesem besonderen Projekt eine Chance zu geben. Ganz herzlichen Dank auch an Desirée Šimeg, die mit viel Geduld und Liebe zum geschriebenen Wort meinem Text den Feinschliff verpasst hat, der nötig war, um dieses Buch wirklich zu etwas Besonderem zu machen.

Danke allen Freunden und Gefährten, die mich in den letzten Jahren durch so manche schwierige Phase begleitet haben. Ihr seid alle großartig und es ist wunderbar, dass ihr alle in meinem Leben seid! Und ganz wichtig: Enno, Maik und Dieter, lasst uns weiterhin ein gutes Steak mit tiefsinnigen Männergesprächen genießen!

# ÜBER DEN AUTOR

Nur wenige Jahre nachdem der erste Lattenrost das Licht der Welt erblickt hatte, wurde auch Boris Thomas geboren: am 9. Juli 1964. Der Erstgeborene erhielt mitten im Kalten Krieg einen russischen Vornamen – was zu großen Diskussionen im beschaulichen Bremervörde führte.

Irgendwie blieb dies ein Muster im Leben von Boris Thomas. Früh begeisterte er sich für neue Ideen und Gedanken. Kein Buch war ihm zu »schräg«, um gelesen zu werden. Asiatische Philosophie von Laotse bis zur Bhagawat Gita, selbst politische Denker der Anarchie wie Bakunin oder die spirituelle Literatur von Osho und anderen Zen-Meistern – sie alle wurden schon in frühester Jugend zu seinen Begleitern. Immer getrieben von der Suche nach neuem Wissen und der Frage, was die Menschen und die Welt antreibt, betrat Boris Thomas stets neue, unbekannte Pfade. So besuchte er Zen-Klöster, machte Schweige-Retreats und Meditationsworkshops mit, stürzte sich in innere wie äußere Abenteuer, bestieg den Kilimandscharo und wanderte durch Bhutan.

Nach seinem Studium an der Universität Karlsruhe kehrte der Wirtschaftsingenieur zurück nach Bremervörde und übernahm im Jahr 1992 die Geschäftsleitung von Lattoflex. Dies begriff er als wunderbare Gelegenheit und große Chance, sein Wissen und seine Ideen auf neuen Wegen in die Praxis umzusetzen und stets dazuzulernen.

Über die Jahre hat er viel Neues in die traditionelle Firma Thomas hineingetragen. Systemische Aufstellung oder auch Workshops mit Shaolin-Meistern ließen die Marke Lattoflex von innen heraus wachsen und zu dem führenden Unternehmen auf dem Bettenmarkt werden.

Seine Stärke in der Führung war es immer, den Fokus zu schärfen und mit klugen langfristigen Strategien dem Markt immer einen Schritt voraus zu sein. Es gab dabei viele Krisen zu meistern. Immer wieder stand das Unternehmen am Abgrund und musste andere Wege für neues Wachstum suchen. So entstand auch seine Leidenschaft für Krisen: Boris Thomas begann Fehler und das Scheitern an sich zu lieben. Denn rückblickend findet sich in jeder Krise der Keim von etwas Neuem – sofern man die Krise als Lernchance begreift.

Seine geballte Führungserfahrung möchte Boris Thomas mithilfe von lebhaften und praxisnahen Vorträgen direkt in die Köpfe, vor allem aber in die Herzen seiner Zuhörer bringen. Seine Geschichte und Erkenntnisse sind kein theoretisches Gedankenkonstrukt, sondern gelebte Wahrheit – mit allen Niederlagen und blutigen Nasen, die dazugehören. Boris Thomas hat seine Berufung darin gefunden, dieses Wissen aus der beruflichen Führungspraxis an andere weiterzugeben, um Menschen überall auf dem Globus Mut zu machen, neue Wege zu gehen. Und damit die Welt ein kleines Stückchen besser zu machen.